野口光
趣味花样编织设计

〔日〕野口 光　著　　项晓笈　译

河南科学技术出版社
·郑州·

手工编织，是一种变化多样、极具意义的针线活儿，可以将新颖独特的线材制作成自己专属的作品。

如果喜欢书中的作品，那就跟着开始编织吧。

当然，也可以试着调整一下，比如：

换成自己喜欢的颜色，

把单色改成双色条纹，

搭配编织多色条纹，

更换使用的线材，

……

一款设计，可以根据自己的想法，发展出无限的变化。

书中每一个设计主题之下，展开介绍了数个作品。

本书所说的设计变化的方法，不仅适用于编织，也同样可以应用在刺绣、拼布等手工制作上。

希望这本书能够让大家更深入地思考自己内心的想法，启发大家的创作灵感。

野口 光

目录

布胡斯（Bohus）

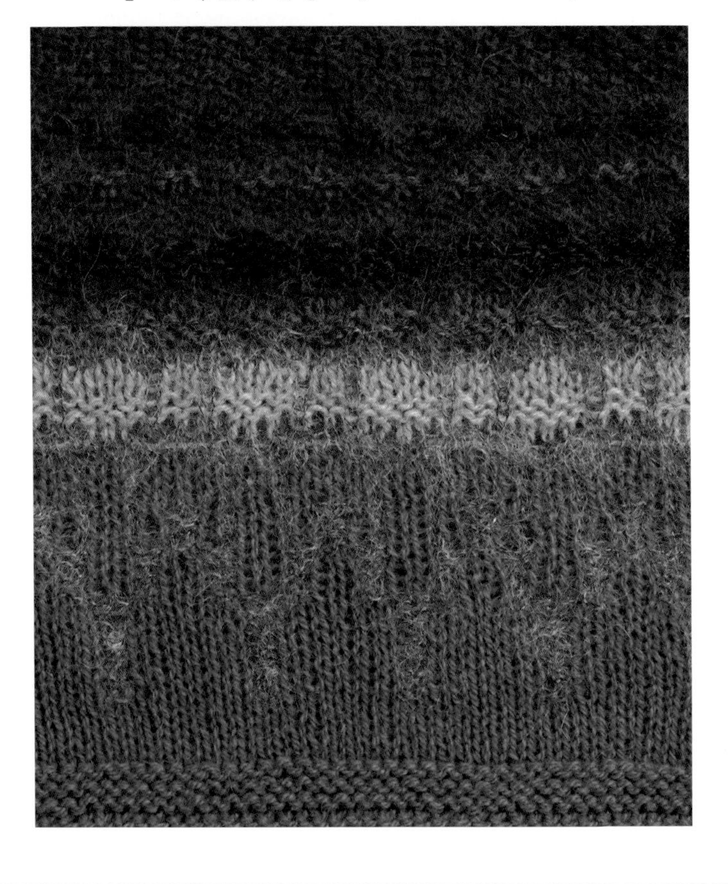

20 世纪 30 年代，在瑞典南部的布胡斯地区，形成了颇具人气的布胡斯风格编织。其特点是多色的上针配色花样、从胸部到肩部的圆育克、使用混合了安哥拉兔毛等的长毛毛线。本书中的作品线材使用马海毛代替了安哥拉兔毛。

色彩变化 Color Variation

布胡斯风格的设计与北欧风格类似，会采用显色效果较好的基本色。开衫是一种大胆的尝试，使用马海毛一类的长毛毛线，选择反差比较明显的颜色，营造出和谐的蓬松柔软质感。

使用线材：Original Wool 绿色（18），Feathery Mohair 炭灰色（11）、蓝色（06），Moke Wool A 灰色（14）、黑色（16）、卡其色（07）

1 开衫

翻阅布胡斯风格编织旧资料的时候，在一件套头衫上看到了这个往返编织的传统花纹。借此灵感，尝试着将花纹以前襟为中心进行排布。极细的马海毛线部分编织完成后轻薄通透。作品为M号。

使用线材：Original Wool、Feathery Mohair、Moke Wool A

编织方法（M、L号）→ p. 52

2 V领套头衫

非常经典的布胡斯花纹，在前身片往返编织。使用的线材共3种6个颜色，各有独特的风格。这件套头衫主体是茶色的，也可以换为同色系的胭脂红色。线材的质感和花纹的搭配相得益彰。作品为XL号。

使用线材：Original Wool、Feathery Mohair、Moke Wool A
编织方法（M、L、XL号）→ p. 54

3 围脖

围脖的编织面积不大，可以直接在计算编织密度、安排配色的试编部分上继续编织。多花一些心思，是不是会更漂亮呢？抱着这样的想法，从较为简单的小物配色开始，尝试一下吧。

使用线材：Original Wool、Feathery Mohair、Moke Wool A
编织方法→p. 57

立方体（Cube）

立方体是拼布中经典的图案之一，其利用视觉错觉呈现出立方体堆叠的效果。通过线材的质感和粗细、编织的花样、颜色的改变来表现这种大型的图案。编织配色花样的立方体时使用纵向渡线，可以将配色线分成小团，吊挂着进行编织。

4 插肩袖外套

大胆奔放的立方体图案，从下摆到肩部图案逐渐缩小，是很好穿搭的设计。不同的色彩搭配，会带来全然不同的风格。选择自己喜欢的5个颜色，来体验独创的配色乐趣吧。这是充满了无限可能的一款设计。作品为M号。

使用线材：Original Wool、T-Silk

编织方法（M、L号）→ p. 58

5 上下针花样配色披肩

使用上针与下针、羊毛线与真丝线的配色拼接区块。用美丽宽大的披肩温暖着身体时，不禁想要向人夸耀一番呢。如果觉得编织方法有些复杂的话，也可以全部使用下针编织。没有正面与背面的区分，完成后请认真仔细地处理线尾。

使用线材：Original Wool、T-Silk
编织方法→p. 62

6 上下针花样披肩

选择2股极细的山羊绒线，编织下针、上针、桂花针来表现立方体图案。也推荐使用羔羊毛线，或适合夏季的亚麻混纺线。单色的设计便于日常使用，可以选喜欢的颜色多编织几条。

使用线材：Cashmere
编织方法→p. 64

砖墙（Brick Work）

砖墙是指用滑针编织出砖块堆砌效果的配色花样图案。即使是初学编织者，也很容易上手。砖块图案使用马海毛线编织，编织物的立体感和深厚的韵味油然而生。不论是同色系的沉稳配色，还是彩色的搭配组合，都能做到融洽统一，是很容易作出变化的一种图案。

7 圆育克收腰连衣裙

轮廓宽松的收腰连衣裙，圆育克部分是砖块图案。这里选择了传统的配色，以藏青色为底，搭配炭灰色和红茶色砖块图案。如果需要加强华丽感以衬托面部，可以加入较为明快的颜色来搭配。作品为M号。

使用线材：Moke Wool B、Feathery Mohair

编织方法（M、L号）→ p. 66

8 V领套头衫

这件V领套头衫虽然平淡保守，却适合各个年龄层，无论是30岁还是50岁，属于可以穿着很久的衣物。浅V领干净简洁，是基础款的设计。图案和配色大方沉稳，中性风也很适合男性穿着。作品为XL号。

使用线材：Moke Wool B、Feathery Mohair
编织方法（M、L、XL号）→p. 70

9 尖角长围巾

砖块分成大、中、小尺寸，大小和花样的排布很有设计感。编织物具有一定的厚度，两端细窄，可以考虑运用不同的方法展现卷曲的效果。两端的单色部分使用6股马海毛线编织，轻便松软。

使用线材：Moke Wool B、Feathery Mohair

编织方法→p. 72

10 贝雷帽

从帽口开始编织，帽顶逐渐减针，砖块的图案也逐渐变小，是简单易学的款式。使用马海毛线制作2个柔软蓬松的绒球，缝制在帽顶，搭配非常和谐。作为秋冬的配饰，也可以选择不同颜色、不同线材进行编织。

使用线材：Moke Wool B、Feathery Mohair
编织方法→p. 69

阿兰蝴蝶结(Ribbon Aran)

尝试分别使用超级粗毛线和极粗毛线来编织同款的阿兰花样。超级粗毛线编织的质地较厚，用于背心或小物时，会呈现出很强的立体感。相较之下，极粗毛线就比较轻薄，可以很好地表现柔软优雅的麻花花样，非常适合用来编织短款外衣或长围巾。毛线编织成绳状，穿过麻花的交叉位置，固定成蝴蝶结的样子。

11 开衫

阿兰花样常常给人沉重刻板的印象，如果使用捻度不高的极粗竹节线进行编织，就会展现出一种绵软蓬松的舒适感。前后身片和袖子处都点缀了罗纹绳蝴蝶结，颇具别致的少女感。作品为M号。

使用线材：Natural Slub（单线）

编织方法（M、L号）→p. 74

12 背心

很实用的叠穿单品。使用超级粗毛线编织，可以再现厚实的传统阿兰花样。也可以和作品11一样，选择捻度不高的竹节线，体现绵软蓬松的舒适感。背心上的蝴蝶结、衣领抽绳尾部的流苏，这些小巧思，制作时也是愉快的体验呢。作品为M号。

使用线材：Natural Slub（3股捻制）
编织方法（M、L号）→p. 78

13 帽子

用超有分量的超级粗毛线，编织出宽大的帽子。可以完全包住脑袋，也可以松松地堆叠在头顶，不仅仅用于防寒，也是凹造型的绝好配饰。如果省略掉装饰的蝴蝶结，就是更偏向于成熟风格的设计了。

使用线材：Natural Slub（3股捻制）
编织方法 →p. 77

不规则条纹
(Random Texture Border)

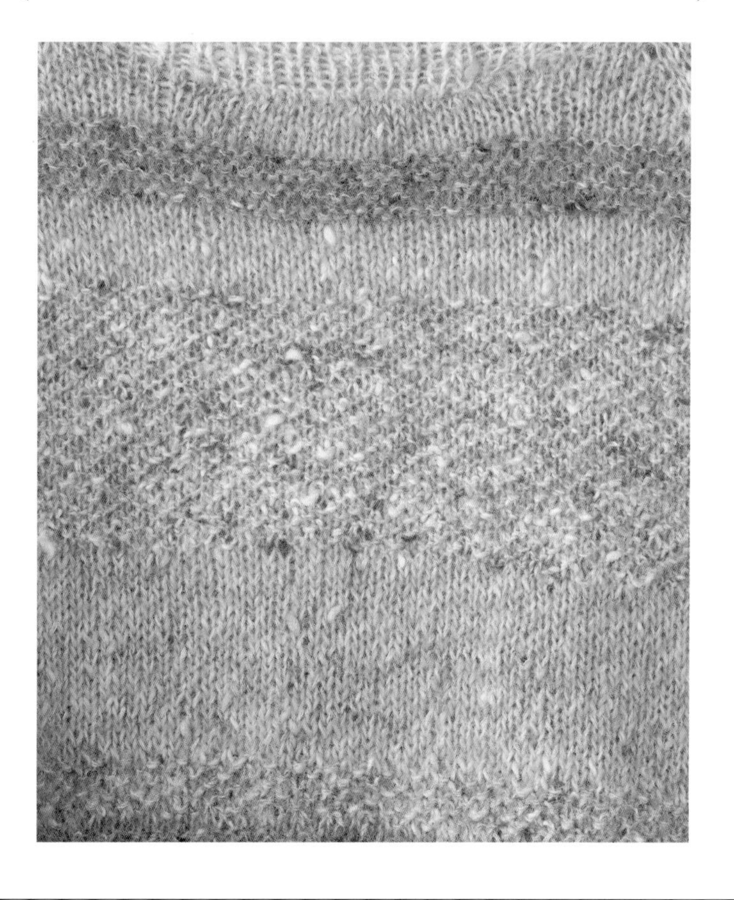

条纹的颜色和花样看起来好像是地层的剖面，春夏季可使用真丝线和马海毛线，秋冬季选择羊毛线和马海毛线。马海毛线是一种兼具隔热和吸湿作用的线材，适合全年各个季节使用。所选线材的柔软度、张力、重量、触感等都相似时，仅仅改变条纹的排布，也可以体会到手工编织的妙趣所在。

14 春夏款套头衫

真丝通常使用于春夏季衣物。宽松的春夏款套头衫，可以从早春穿到初夏。把粉红色线换成绿色系、蓝色系或灰色系线也是不错的选择。可以尝试着组合不同颜色、不同材质的线来进行编织。作品为M号。

使用线材：T–Silk、Feathery Mohair
编织方法（S、M号）→p. 49

15 秋冬款套头衫

粗花呢羊毛线是秋冬季的温暖选择。从领口向下编织的套头衫，款型宽松，易于穿着。集合同色系的配色，即使是采用了多种颜色搭配，也可以呈现出大方沉稳的优雅。还可以加入一些金银丝线，带来十足的华丽感。作品为M号。

使用线材：Honey Wool、Feathery Mohair
编织方法（S、M号）→p. 49

16、17 春夏款披巾和秋冬款披巾

真丝款适合初春，也可以在夏天的空调房里使用。羊毛款柔和温暖，最适合秋冬。两款披巾形状一样，都是细长的三角形。根据自己的喜好，可以把流苏留得长一些，更为休闲随意。这种海军蓝的配色用来编织毛衣也一定相当漂亮。

使用线材：16 春夏款披巾 T-Silk、Feathery Mohair，17 秋冬款披巾 Honey Wool、Feathery Mohair

编织方法→p. 82

山峰（Peaks）

这种花样就像高低起伏的山峰和山谷，是我常用的传统花样，正面和背面都有各自的特点。重复编织挂针和 3 针并 1 针，构成简单的图案，不需要熨烫，保留这种独特的凹凸感。接下来的几件作品，都是使用同样的编织方法，通过线材的不同来表现风格的区别。

18 长围巾

深橙色的羊毛线和深粉色的真丝马海毛线的绝妙搭配，营造出鲜亮炫目、活力四射的氛围。捻度较高的羊毛线，可以清楚地展现编织物的凹凸造型。因为是贴肤的小物，要特别注意线材的柔软度和触感。

使用线材：Wool N、Reina Silk Mohair

编织方法→p. 84

19 连指手套

在随身使用的小物上编织凹凸花样，可以选择捻度较低的线材，更为柔软雅致。手背一侧是起伏的山峰图案，手掌一侧编织下针，手指部分使用4股黄色马海毛线完成。手掌一侧的下针编织使用正反面都可以，图中采用的是反面（上针），线尾藏在看不到的地方。

使用线材：Natural Slub（单线）、Reina Silk Mohair

编织方法→p. 86

20 手拎包

配色采用绿色系的粗花呢线和4股翡翠蓝色的极细马海毛线。圆滚滚的包型蓬松绵软，就像是个毛绒玩具。虽然和长围巾、连指手套一样，正反面都可以使用，但出于实用性考虑，可以在内侧缝制一个内袋。

使用线材：T Honey Wool、Reina Silk Mohair
编织方法→p. 88

橡果(Nuts)

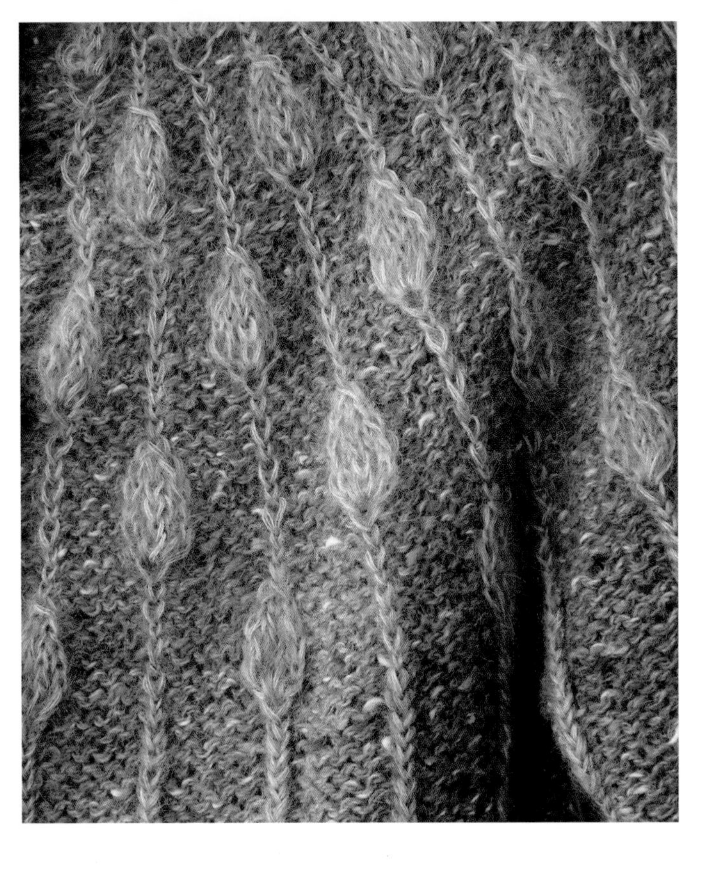

花样宛如月光照耀下的橡树果实，设计灵感来自故事书《魔奇魔奇树》。粗花呢线织底，马海毛线编织下针，织出立体感十足的橡果花样，胀鼓鼓的果实好像都能压弯树枝。作品选择了柔和低调的淡彩色系，也可以按照自己的喜好随意搭配颜色。

21 披肩

方便携带的披肩，可以初秋时披在套头衫外，也可以隆冬时穿在大衣里面。长针和短针组合钩织一条扁平的抽绳，末端用短针钩织橡果装饰。抽绳的打结方式和披肩的打褶方式都可以多做尝试哦。

使用线材：T Honey Wool、Feathery Mohair

编织方法→p. 90

22 圆育克开衫

七分袖的短款开衫，圆育克部分编织橡果花样。橡果的大小一致，花样和花样之间分散减针。上方图案紧凑，下方慢慢变得松散，整体有张有弛。作品为M号。

使用线材：T Honey Wool、Feathery Mohair

编织方法（M、L号）→p. 92

23 护腕

在护腕上编织小颗的橡果，穿上大衣也能从袖口看到图案，精致优雅。先平面编织，再缝合成筒状，制作方法非常简单。

使用线材：T Honey Wool、Feathery Mohair
编织方法→p. 96

24 贝雷帽

八角贝雷帽，从帽口向帽顶编织，橡果花样按照大、中、小的顺序排列。

使用线材：T Honey Wool、Feathery Mohair
编织方法→p. 97

织补（Darning Knit）

英文 darning 是织补、缝补的意思。借助专用的马卡龙形织补工具，使用针线在破损的衣物上进行修补。我们可以尝试使用日常剩余的毛线，应用织补的技法，在款式简洁的手工编织物上加上装饰。即便是不整齐的针脚，也涌动着满满的爱意。

Color Variation 色彩变化

与下页作品完全不同的配色。按照织补工具的形状，在衣袋上完成圆形的织补绣。所选择的线材不同、颜色不同，完成的效果也迥然不同。不来尝试一下属于自己的独特织补吗？

使用线材：Moke Wool B 浅茶色（12）

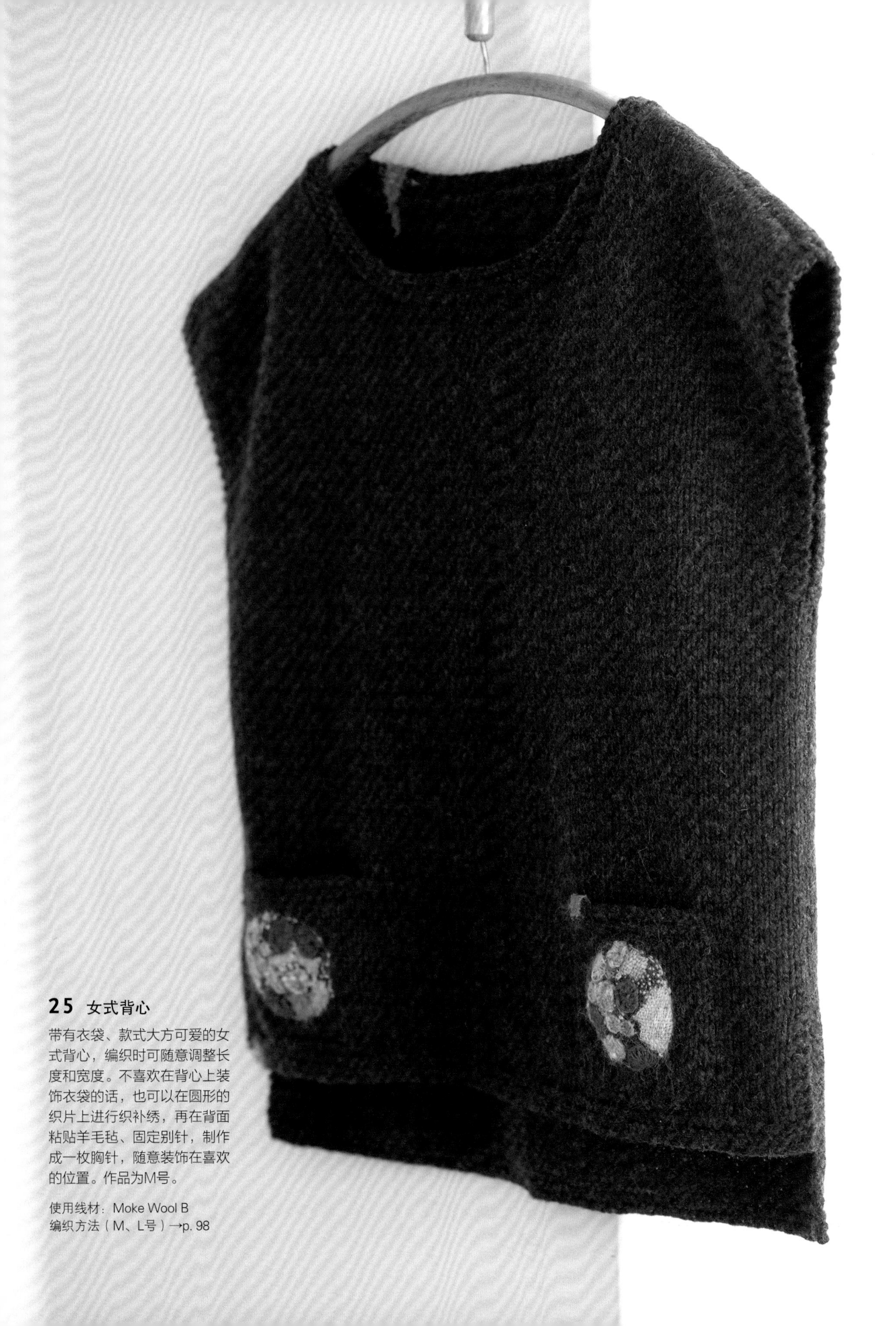

25 女式背心

带有衣袋、款式大方可爱的女式背心，编织时可随意调整长度和宽度。不喜欢在背心上装饰衣袋的话，也可以在圆形的织片上进行织补绣，再在背面粘贴羊毛毡、固定别针，制作成一枚胸针，随意装饰在喜欢的位置。作品为M号。

使用线材：Moke Wool B
编织方法（M、L号）→p. 98

26、27 发带（卡其色、深灰色）

发带是一种非常经典的配饰。防寒保暖自然是最好的选择，但简简单单地围在脖子上，作为衣领的装饰，也是不错的尝试。每个图案的设计都与众不同，左右两侧无论哪边，看起来都很吸引人。

使用线材：Moke Wool B

编织方法→p. 99

织补的步骤

使用专用的马卡龙形织补工具，完成织补绣。借助这一工具，可以使伸缩性较强、不易刺绣的编织物平整稳定，方便进行刺绣。无论是崭新的服饰，还是穿旧的衣物，加上一些手工的织补绣，就像是流行的破洞牛仔裤一样，会呈现出自然随性的感觉。当然，旧毛衣就更适合采用织补绣来进行再创作了。

1

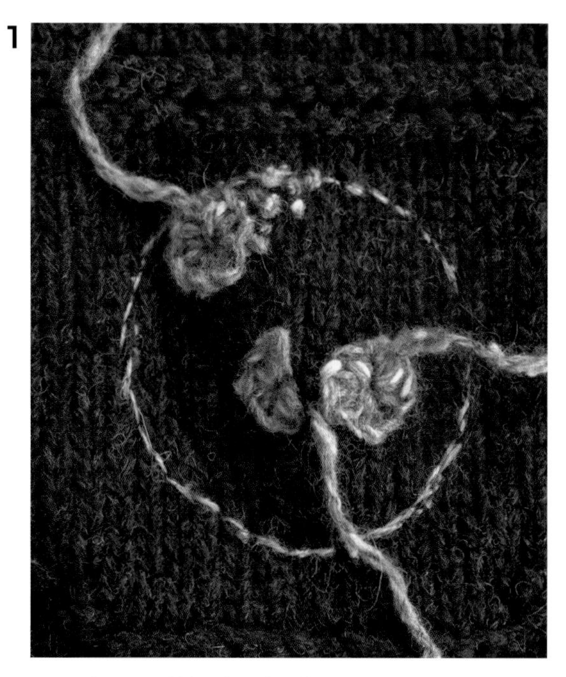

选择3种不同的线材。先沿着织补部分的外轮廓缝制一圈，然后从最粗的线材开始织补绣。刺绣锁边绣围成圆形图案（手鼓织补绣）。

2

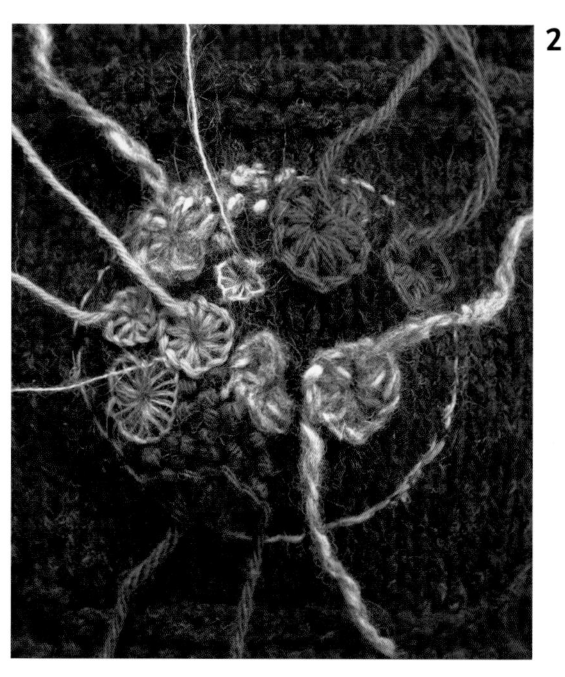

线材可以选择粗花呢线、中粗线、马海毛线等，毛线的颜色不同、材质不同，会搭配出不同的有趣效果。法式结粒绣也是很好的点缀。

3

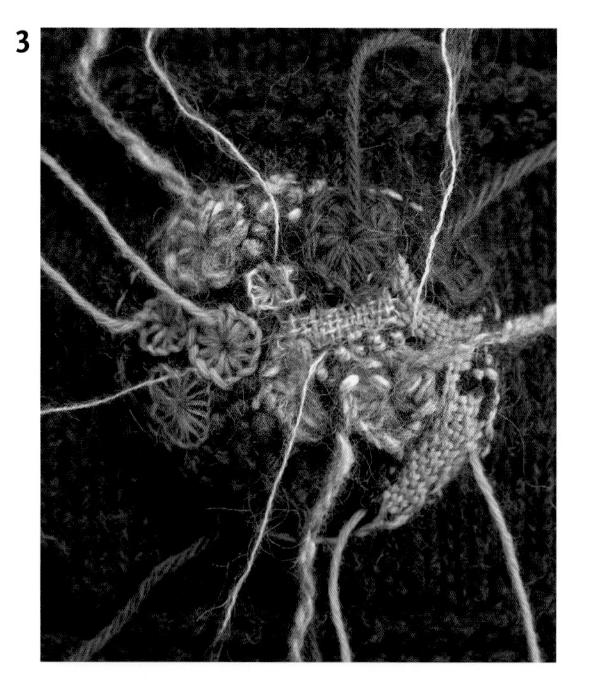

使用马海毛线等较细的线材完成四边形织补绣。

4

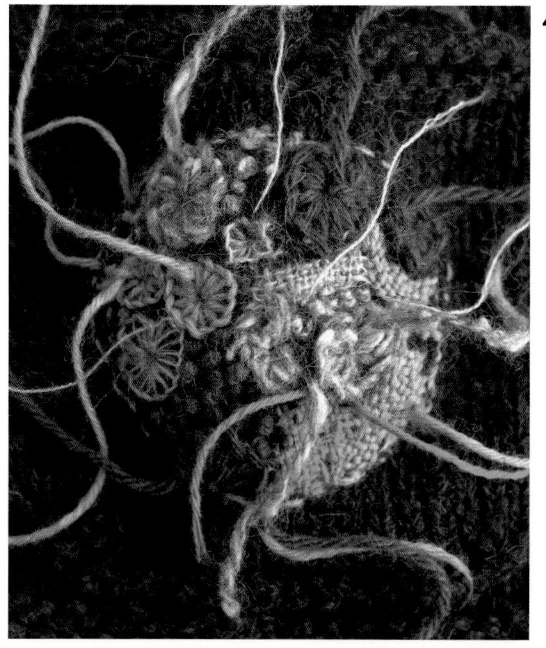

剩下的空隙可以刺绣半回针绣（芝麻织补绣），把空间填满。线尾全部留在背面，绕在渡线上进行藏线。

最后再在协调的位置加入一些反差明显的颜色（这里使用的是红色）。

织补绣针法

1 手鼓织补绣

刺绣锁边绣围成圆形

2 法式结粒绣

需要较大的结粒时，将线在针上绕2圈

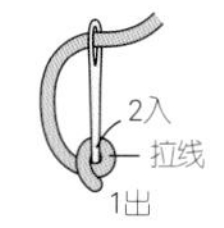

3 四边形织补绣

可以自由地调整形状，填满空间

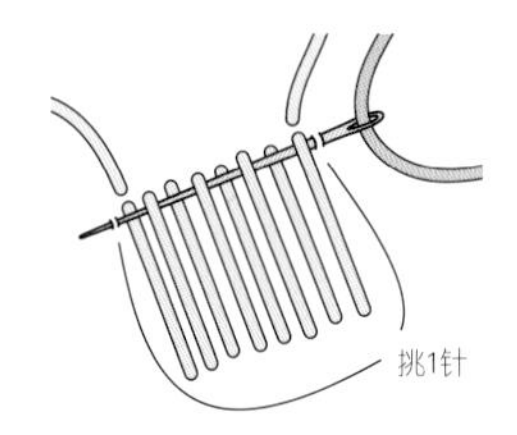

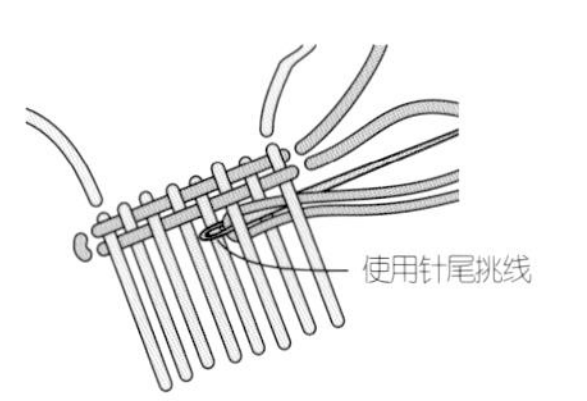

4 芝麻织补绣

就像芝麻大小的半回针绣

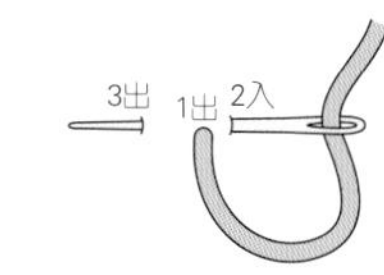

工具

◆马卡龙形织补工具　附有固定编织物的松紧带。
形状小巧，可以塞入衣袋等较窄小的空间，便于携带。

◆剪刀　手工用剪线剪刀。

◆线材　粗花呢线、羊毛线、马海毛线等各种线材混合使用。

本书中作品使用的线材

（图片为实物大）

*自左上起，依次为线名、成分、色号、重量、长度、粗细、棒针号数（钩针号数）

Moke Wool B　100%羊毛　32
90~100g/团　约160m/100g　中粗
8~10号（7/0~8/0号）

Moke Wool A　100%羊毛　32
90~100g/团　约340m/100g　粗
4~6号（5/0~6/0号）

Wool N　100%羊毛　42
90~100g/团　约230m/100g
粗　5~6号（5/0~7/0号）

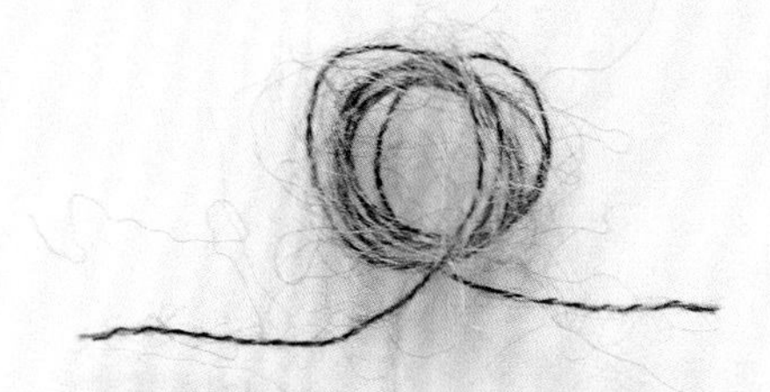

Feathery Mohair　70%羔羊马海毛，30%锦纶　13
90~100g/团　约855m/100g　极细　1~3号
（1/0~3/0号）
※也有20g的小卷

Reina Silk Mohair　60%顶级羔羊马海毛，
40%真丝　15　约20g/卷　约220m　极细
※与其他线材一起使用

Cashmere　100%山羊绒　4
约20g/卷　约164m/20g　极细
0~1号（1/0~2/0号）

Original Wool　100%羊毛　43
70~100g/团　约265m/100g　粗
4~6号（5/0~6/0号）

Honey Wool　80%羊毛，20%安哥拉兔毛　42
65~85g/团　约450m/100g　中细　7~9号
（8/0~10/0号）※2股合并使用

T Honey Wool　80%羊毛，20%安哥拉兔毛　42　65~85g/团　约210m/100g　中粗 7~9号（8/0~10/0号）

Natural Slub（3股捻制）　100%羊毛　3
95~105g/团　约90m/100g　超级粗
15号~8mm粗针

Natural Slub（单线）　100%羊毛　3
95~105g/团　约280m/100g　极粗 9/0~12/0号

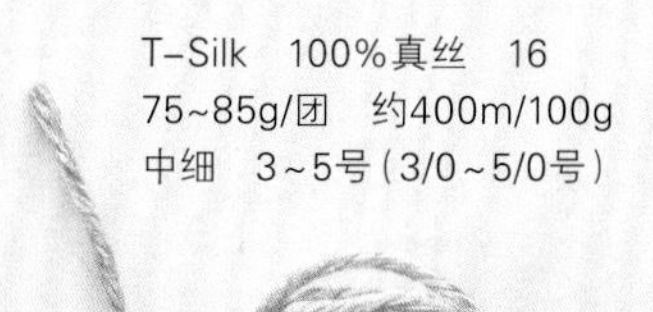

T-Silk　100%真丝　16
75~85g/团　约400m/100g
中细　3~5号（3/0~5/0号）

线材的相关资料可查询手织屋官网

● 接p.59(作品4)

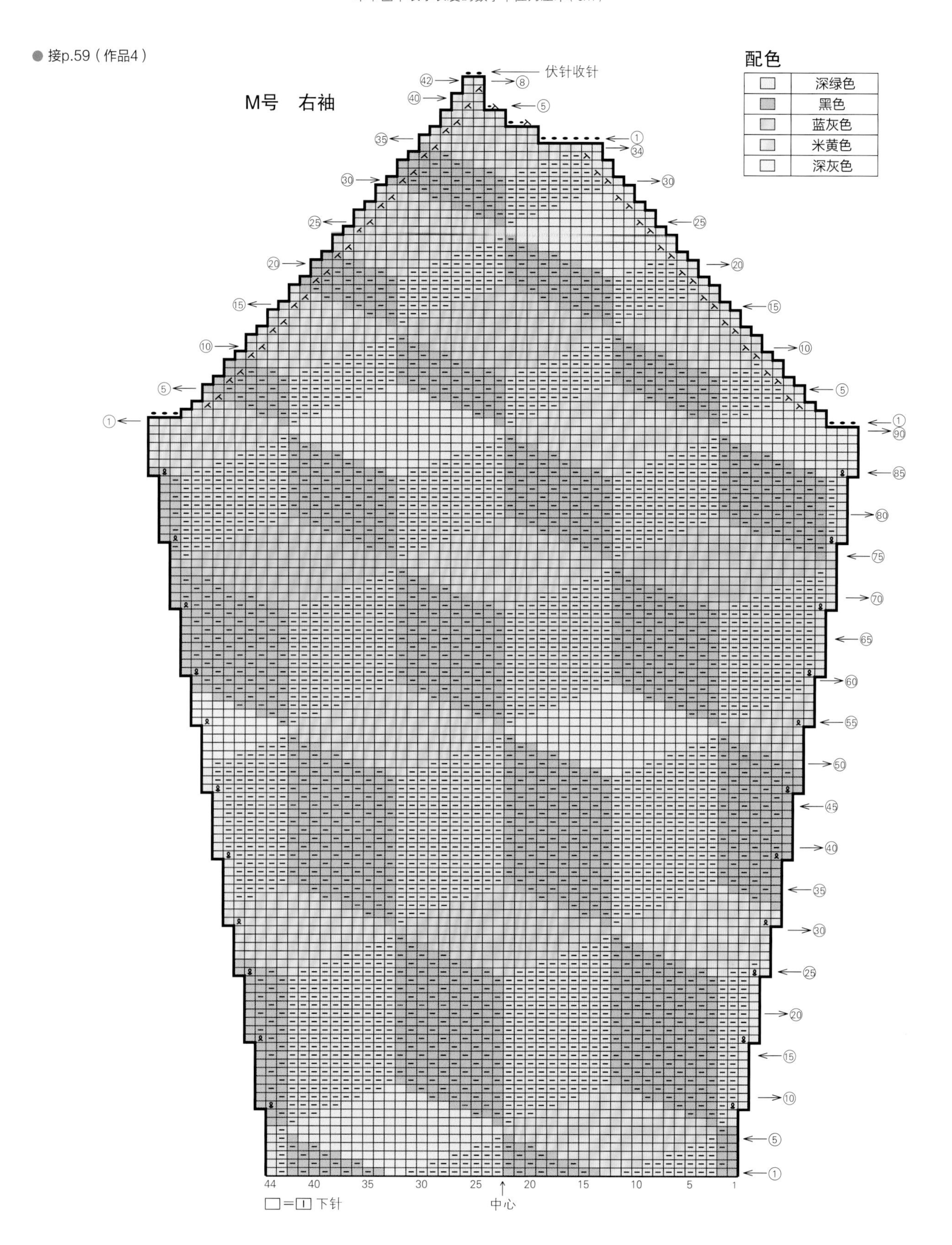

● 接p.59（作品4）

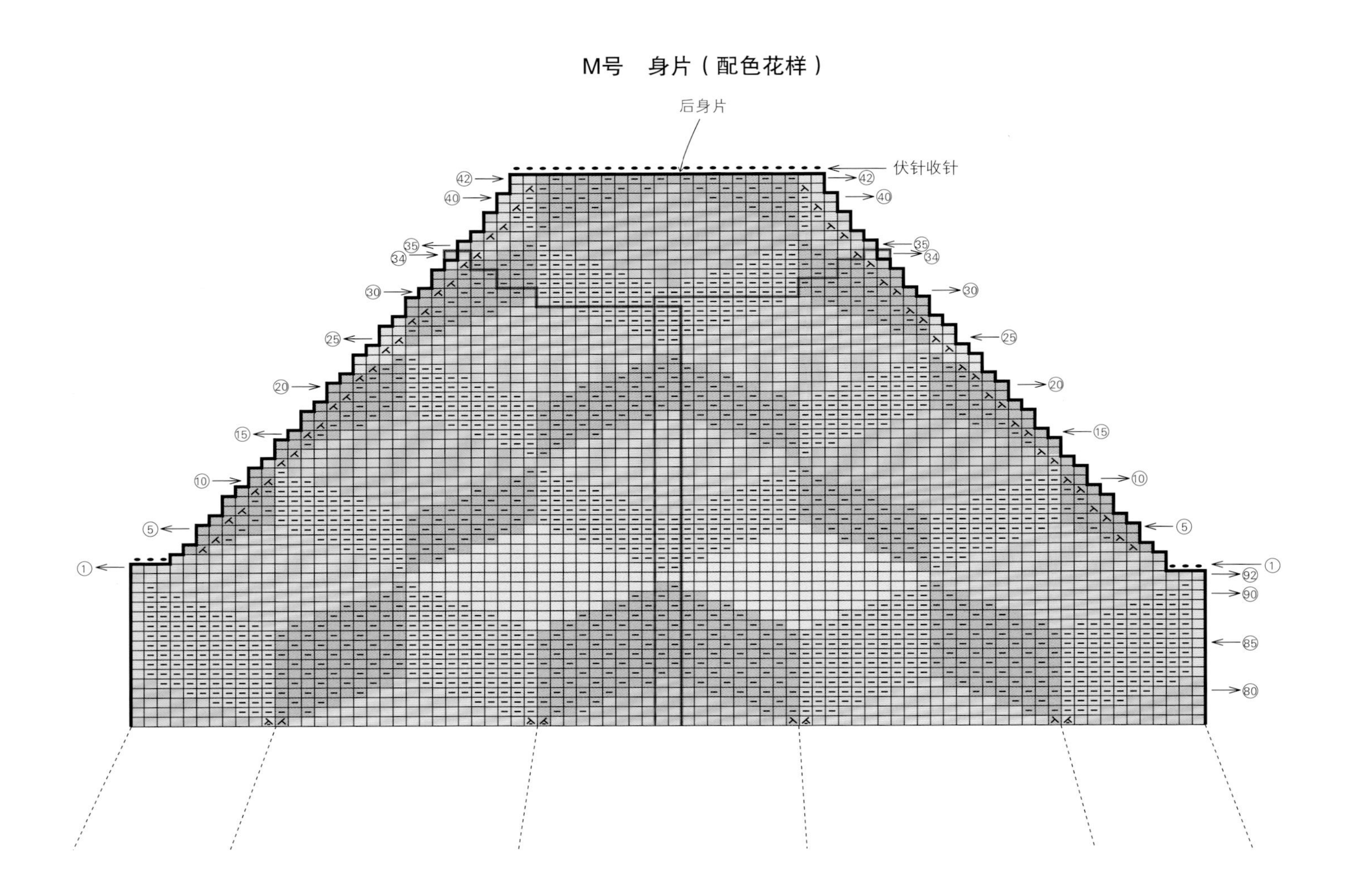

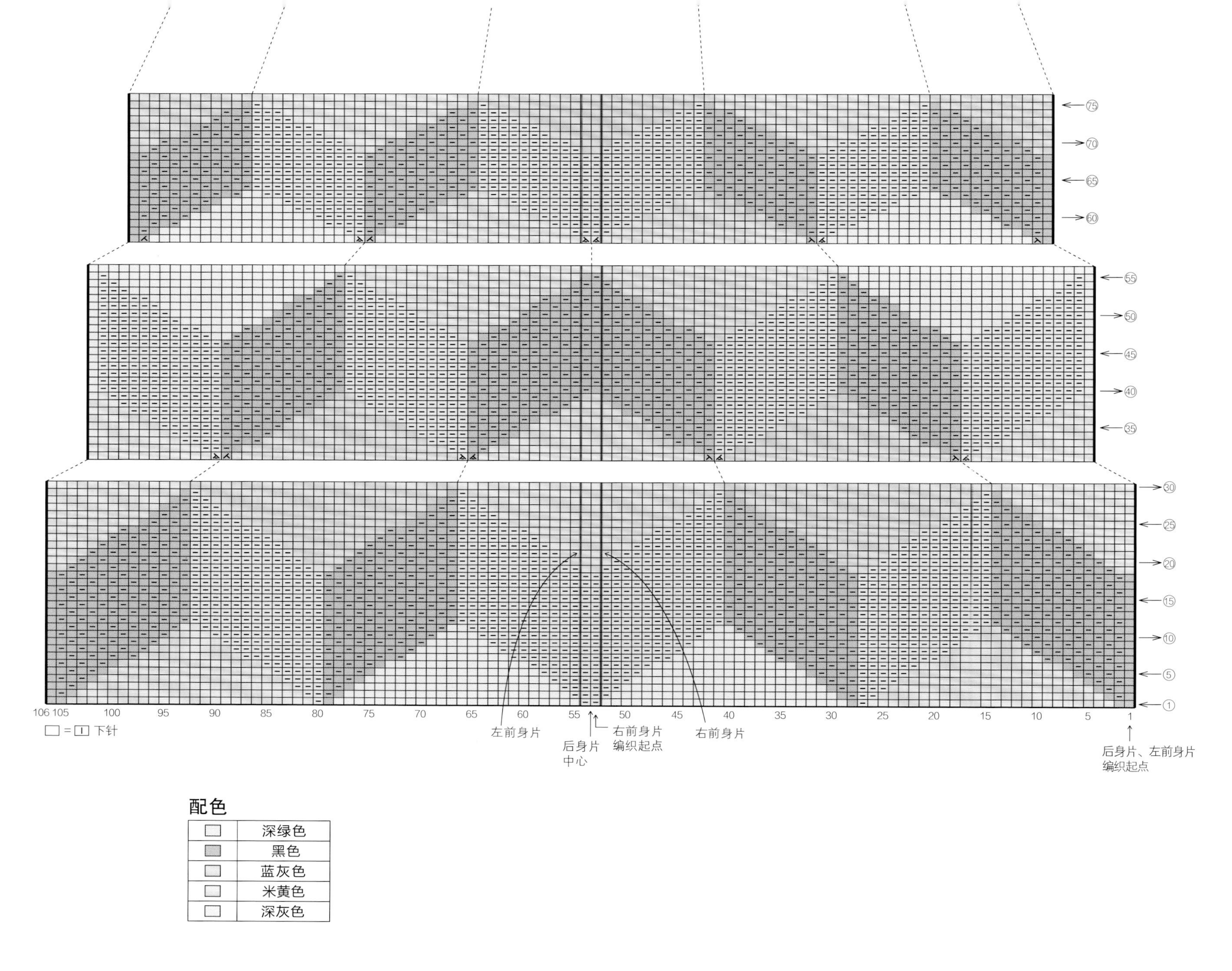

左前身片
后身片
中心
右前身片
编织起点
右前身片
后身片、左前身片
编织起点
□ = ⊟ 下针
配色
深绿色
黑色
蓝灰色
米黄色
深灰色

● 接p.59（作品4）

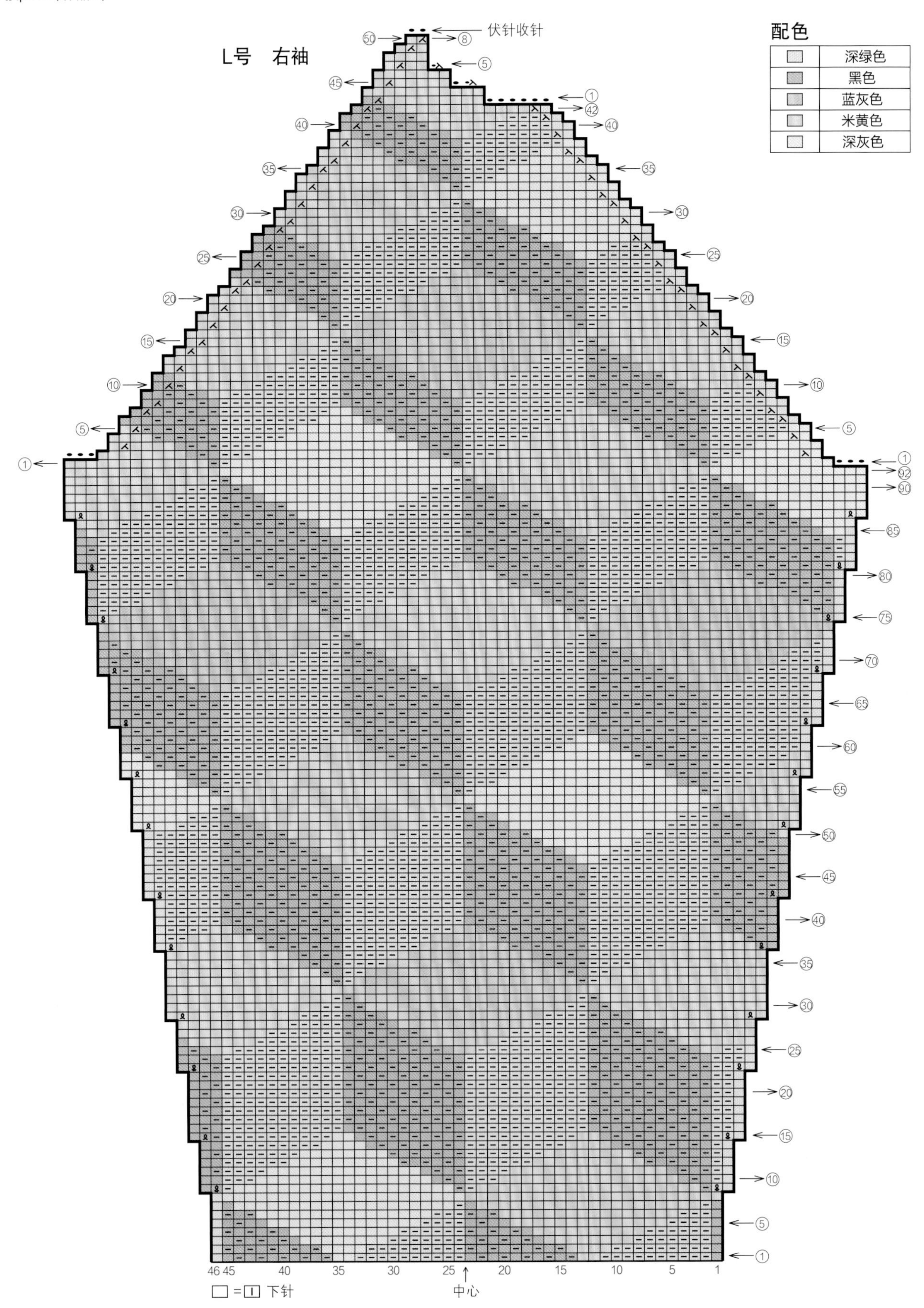

14、15 →p.25~27

材料

14 T–Silk（中细真丝线）、Feathery Mohair（极细羔羊马海毛+锦纶线）。

15 Honey Wool（中细羊毛+安哥拉兔毛线）、Feathery Mohair。

颜色、色号、使用量请参照“使用线材表”。

直径13mm的纽扣1颗。

工具

棒针6号、5号。钩针5/0号。

成品尺寸

S号/胸围94cm、衣长47.5cm、连肩袖长63.5cm。

M号/胸围110cm、衣长50.5cm、连肩袖长66.5cm。

编织密度

10cm×10cm面积内，编织下针20.5针、26.5行，编织桂花针20.5针、33.5行。

▸编织要点

◎育克、身片、袖子…前身片、衣领使用相同的线，另线钩织锁针20针起针。育克使用手指挂线起针，编织条纹花样，参照图解加针。分别编织左右两部分至第10行，从第11行开始，把左右连在一起往返编织。第15行开始环形编织。从腋下另线钩织的锁针上和育克上挑指定的针数，编织前后身片的条纹花样、单罗纹针，编织完成后，做下针织下针、上针织上针的伏针收针。从腋下另线钩织的锁针上和育克的休针上挑指定的针数，编织袖子的条纹花样、单罗纹针，编织完成后，以下摆同样的方法收针。

◎组合…从育克上挑指定的针数，编织衣领的单罗纹针，编织完成后，以下摆同样的方法收针。背部开口处钩织1行短针使边缘整齐。制作纽扣扣襻，钉缝纽扣。

条纹花样的编织方法和配色

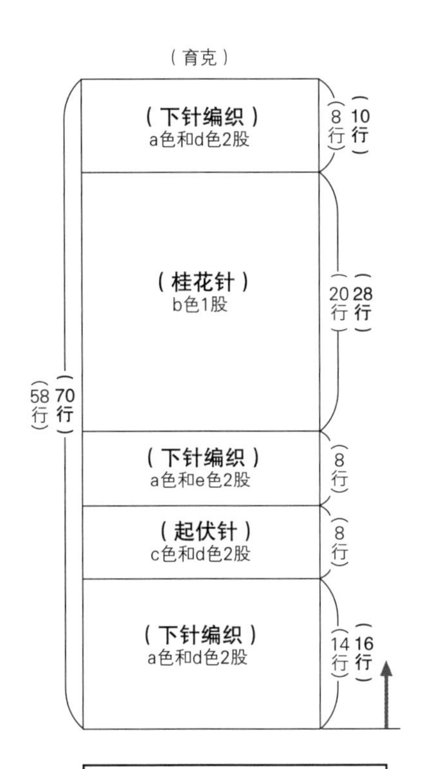

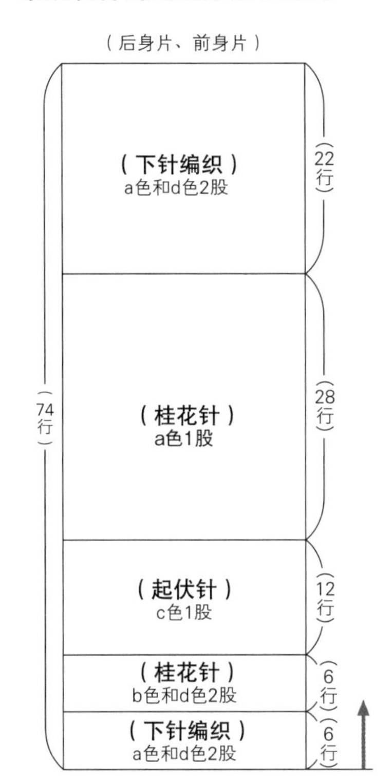

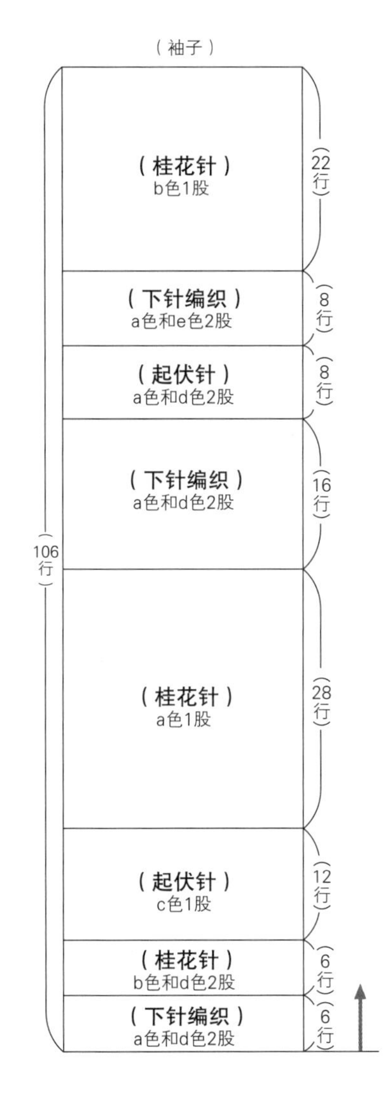

14使用线材表

	线材名	色号	使用量	
			S号	M号
a色	T–Silk	粉红色（02）	125g	145g
b色	T–Silk	原色（05）	50g	60g
c色	T–Silk	米黄色（01）	25g	30g
d色	Feathery Mohair	灰色（10）	35g	40g
e色	Feathery Mohair	米黄色（03）	10g	10g

15使用线材表

	线材名	色号	使用量	
			S号	M号
a色	Honey Wool	粉红色（04）	125g	145g
b色	Honey Wool	原色（17）	50g	60g
c色	Honey Wool	米黄色（18）	25g	30g
d色	Feathery Mohair	灰色（10）	35g	40g
e色	Feathery Mohair	米黄色（03）	10g	10g

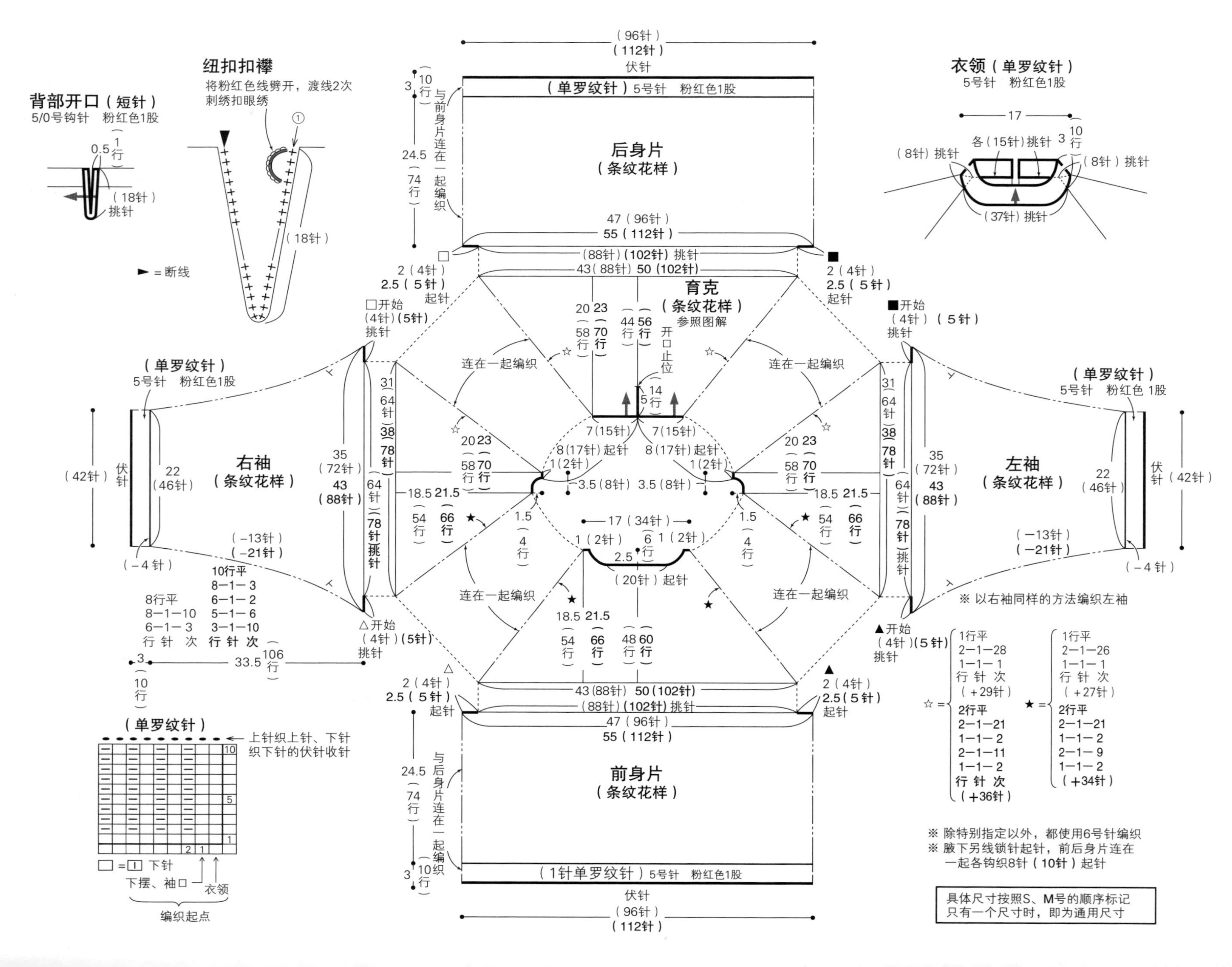

背部开口（短针）
5/0号钩针　粉红色1股
纽扣扣襻
将粉红色线劈开，渡线2次
刺绣扣眼绣
▶ = 断线
衣领（单罗纹针）
5号针　粉红色1股
各（15针）挑针
（37针）挑针
后身片
（条纹花样）
（单罗纹针）5号针　粉红色1股
育克
（条纹花样）
参照图解
开口止位
连在一起编织
右袖
（条纹花样）
左袖
（条纹花样）
前身片
（条纹花样）
（1针单罗纹针）5号针　粉红色1股
与前身片连在一起编织
与后身片连在一起编织
伏针
挑针
起针
※ 以右袖同样的方法编织左袖
☆ = 1行平 2−1−28 1−1−1 行 针 次（+29针） 2行平 2−1−21 1−1−2 2−1−11 1−1−2 行 针 次（+36针）
★ = 1行平 2−1−26 1−1−1 行 针 次（+27针） 2行平 2−1−21 1−1−2 2−1−9 1−1−2（+34针）
（单罗纹针）
上针织上针、下针织下针的伏针收针
□ = ⏐ 下针
下摆、袖口
衣领
编织起点
※ 除特别指定以外，都使用6号针编织
※ 腋下另线锁针起针，前后身片连在一起各钩织8针（10针）起针
具体尺寸按照S、M号的顺序标记
只有一个尺寸时，即为通用尺寸

S号 育克的编织方法

M号 育克的编织方法

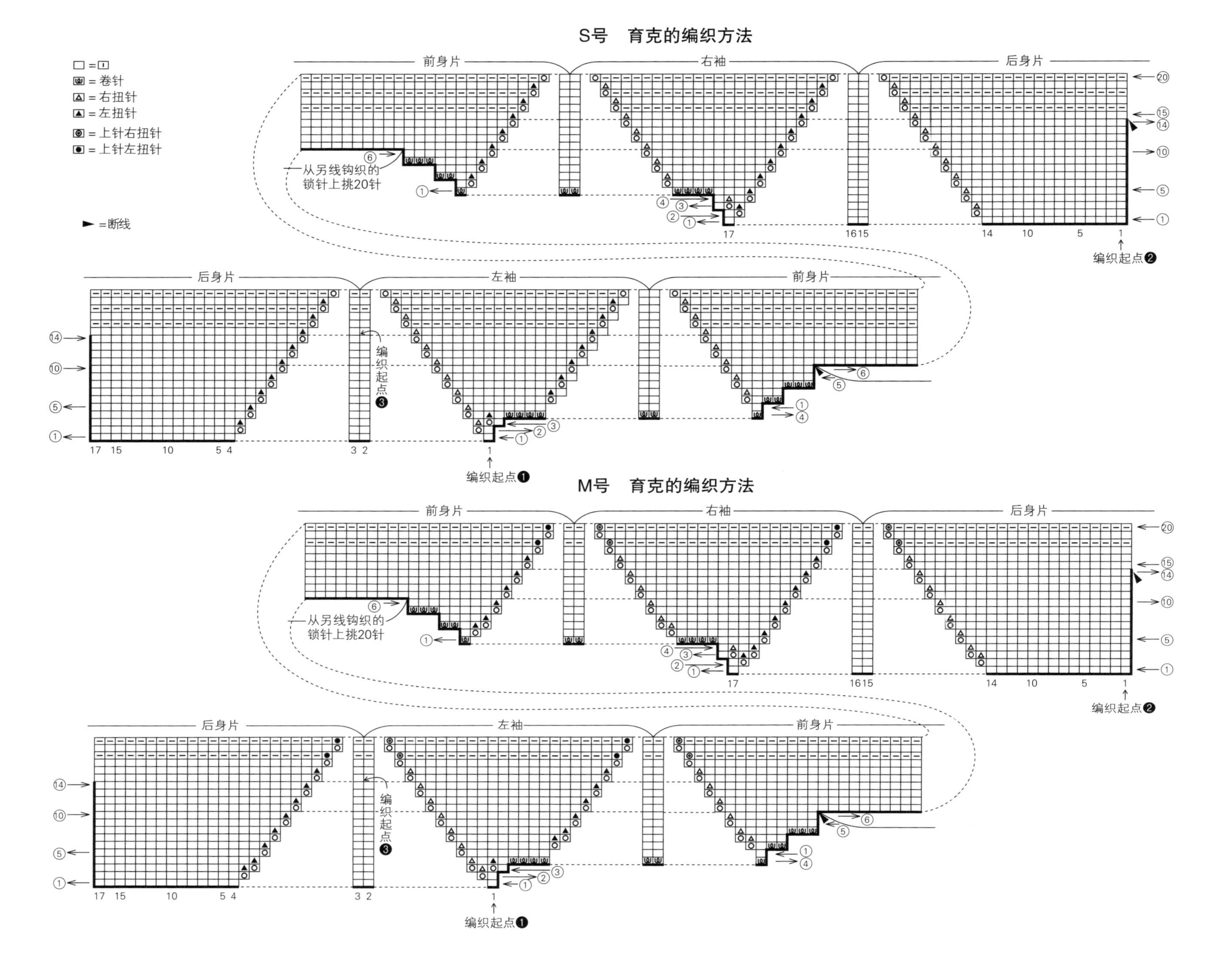

1 →p.7

→p.7

材料

Original Wool(粗羊毛线)、Feathery Mohair (极细羔羊马海毛 + 锦纶线)、Moke Wool A(粗羊毛线)。颜色、色号、使用量请参照“使用线材表”。

直径15mm 的纽扣7颗。

工具

棒针6号、4号。钩针5/0号。

成品尺寸

M 号 / 胸围96cm、衣长66.5cm、连肩袖长56.5cm。

L 号 / 胸围106cm、衣长70.5cm、连肩袖长63cm。

编织密度

10cm×10cm 面积内，编织下针18针、27行，编织配色花样 A 18针、26.5行，编织配色花样 B 18针、30行，编织桂花针18针、33行。

▸ 编织要点

◎身片、袖子…手指挂线起针，后身片、袖子编织起伏针和下针，前身片编织下针、配色花样 A、配色花样 B 和桂花针。配色花样使用横向渡线编织。1针以上的减针使用伏针减针，1针的减针使用侧边1针立式减针。加针使用1针内侧扭针加针。前身片和袖子编织完成后伏针收针。

◎组合…肩部对齐，针与行接合。衣领、前襟挑指定的针数，编织起伏针。右前襟开扣眼。编织完成后伏针收针。袖子和身片对齐，通过下针接合、针与行接合。胁边针与行接合，袖下使用毛线缝针挑针缝合。开衩部位钩织1行短针使边缘整齐。钉缝纽扣。

使用线材表

线材名	色号	使用量	
		M号	L号
Original Wool	藏青色 (41)	220 g	260 g
Feathery Mohair	灰色 (10)	25 g	30 g
	炭灰色 (11)	10 g	15 g
Moke Wool A	驼色 (03)	各5 g	各10 g
	米黄色 (13)		
	蓝绿色 (20)		

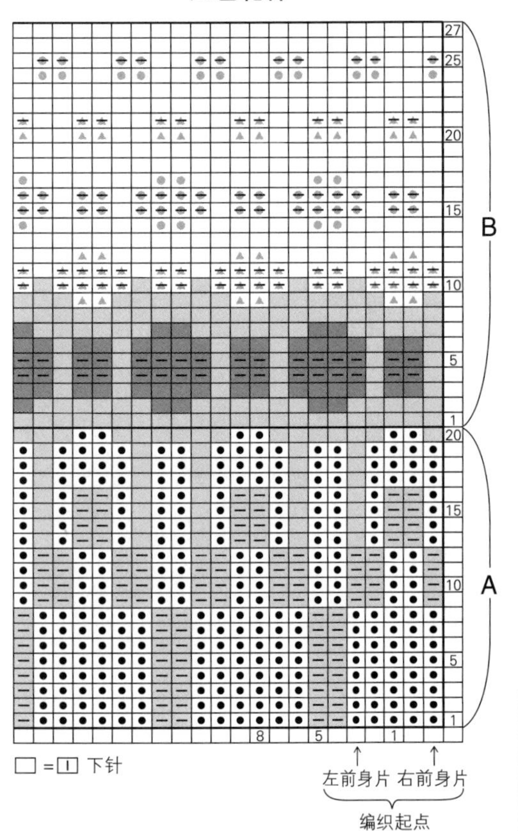

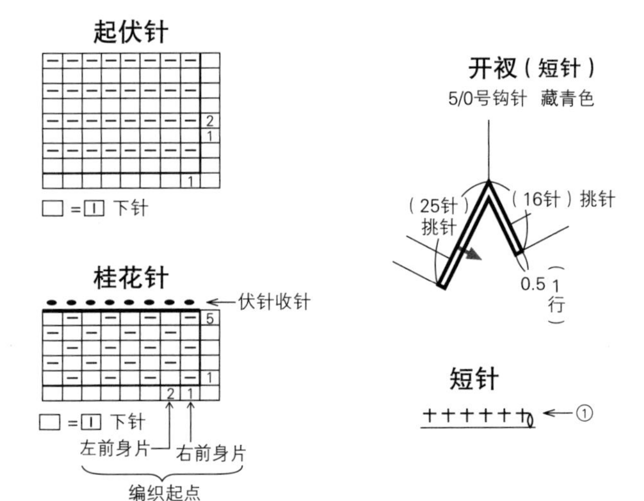

配色

	开衫	色彩变化 (p.6)
●	藏青色	绿色
▒	炭灰色	炭灰色
■	蓝绿色	灰色
▲	米黄色	卡其色
□	灰色	蓝色
● (灰)	驼色	黑色

编织起点一侧卷针的方法 (1针)

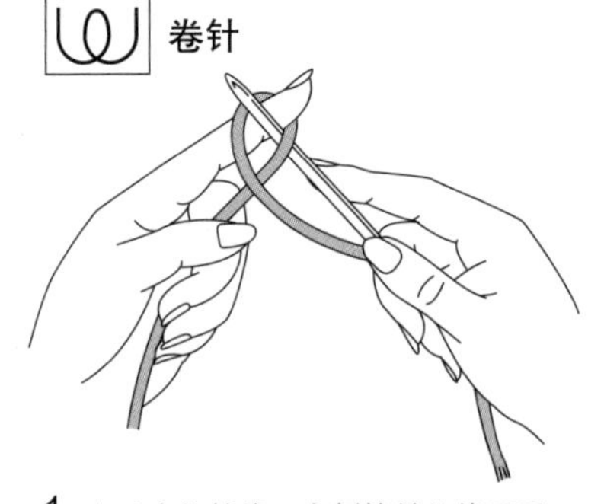

1 左手食指挂线，右侧棒针从线圈后向前穿入，即为1针。

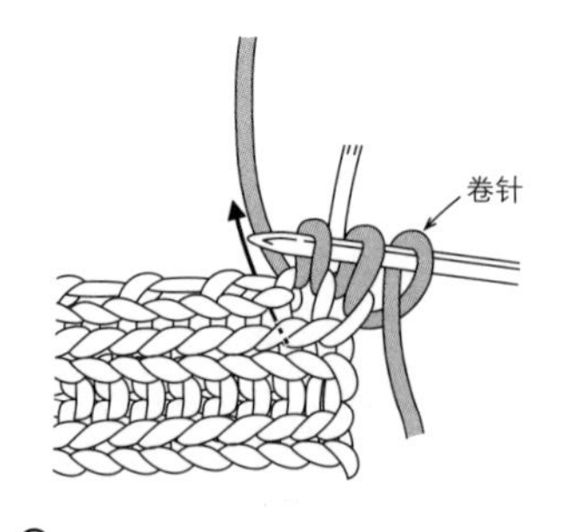

2 为了使凹陷的侧边平整，通过卷针完成加针。

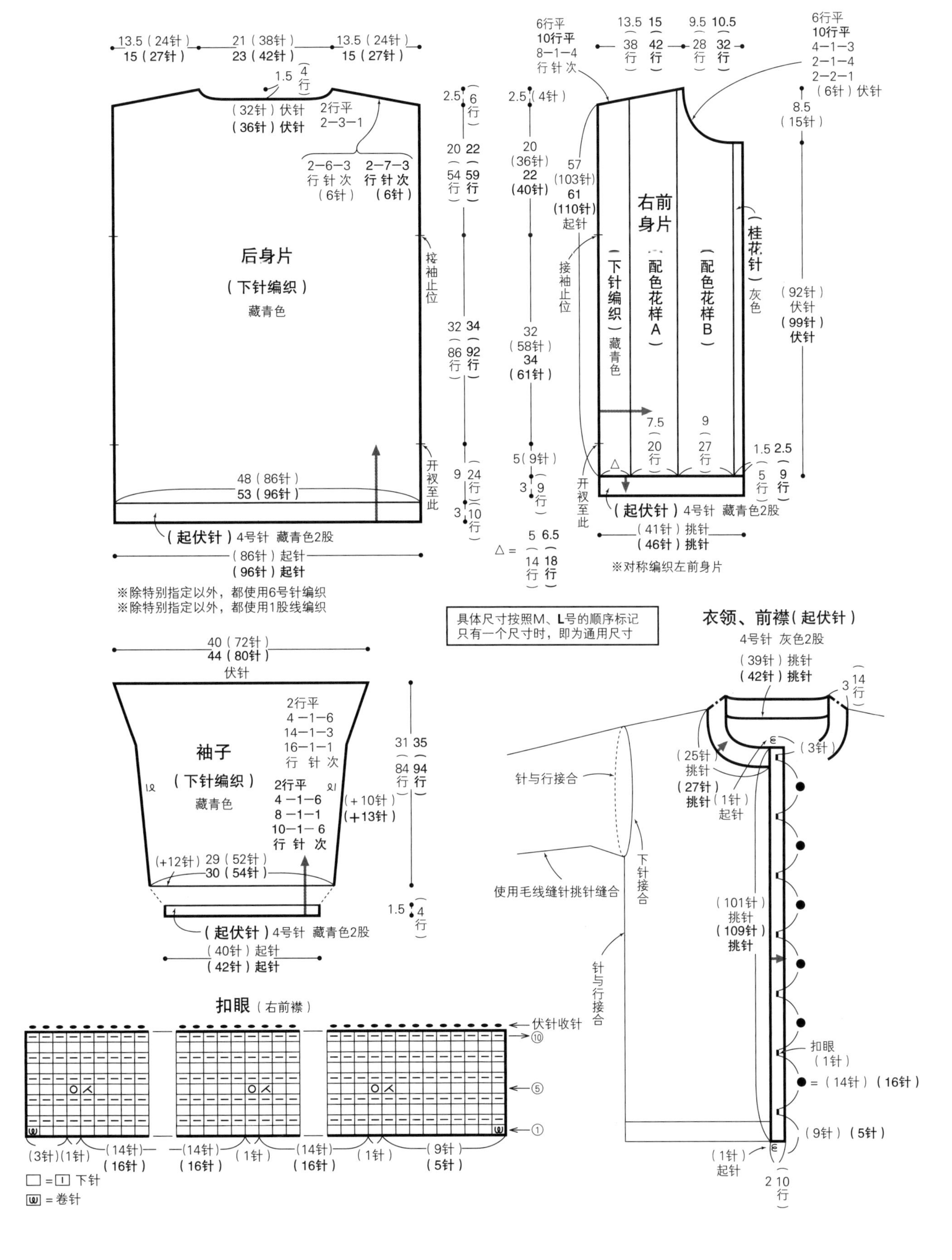
13.5（24针）
15（27针）
21（38针）
23（42针）
13.5（24针）
15（27针）
1.5（4行）
（32针）伏针
（36针）伏针
2行平
2–3–1
2–6–3
行针次
（6针）
2–7–3
行针次
（6针）
后身片
（下针编织）
藏青色
接袖止位
开衩至此
48（86针）
53（96针）
（起伏针）4号针 藏青色2股
（86针）起针
（96针）起针
※除特别指定以外，都使用6号针编织
※除特别指定以外，都使用1股线编织
2.5（6行）
20 22（54行 59行）
32 34（86行 92行）
9（24行）
3（10行）
6行平
10行平
8–1–4
行针次
13.5 15（38行 42行）
9.5 10.5（28行 32行）
6行平
10行平
4–1–3
2–1–4
2–2–1
（6针）伏针
8.5（15针）
2.5（4针）
20（36针）
22（40针）
57（103针）
61（110针）
起针
32（58针）
34（61针）
5（9针）
3（9行）
右前身片
（下针编织）藏青色
（配色花样A）
（配色花样B）
（桂花针）灰色
（92针）伏针
（99针）伏针
7.5（20行）
9（27行）
1.5 2.5（5行 9行）
（起伏针）4号针 藏青色2股
（41针）挑针
（46针）挑针
※对称编织左前身片
△＝5 6.5（14行 18行）
具体尺寸按照M、L号的顺序标记
只有一个尺寸时，即为通用尺寸
40（72针）
44（80针）
伏针
袖子
（下针编织）
藏青色
2行平
4–1–6
14–1–3
16–1–1
行针次
2行平
4–1–6
8–1–1
10–1–6
行针次
（+10针）
（+13针）
（+12针）29（52针）
30（54针）
31 35（84行 94行）
1.5（4行）
（起伏针）4号针 藏青色2股
（40针）起针
（42针）起针
衣领、前襟（起伏针）
4号针 灰色2股
（39针）挑针
（42针）挑针
3（14行）
（3针）
（25针）挑针
（27针）挑针
（1针）起针
针与行接合
使用毛线缝针挑针缝合
下针接合
针与行接合
（101针）挑针
（109针）挑针
扣眼（1针）
●＝（14针）（16针）
（9针）（5针）
（1针）起针
2（10行）
扣眼（右前襟）
伏针收针
⑩
⑤
①
（3针）（1针）（14针）（16针）
（14针）（16针）
（1针）
（14针）（16针）
（1针）
（9针）（5针）
□＝▯ 下针
Ⓦ＝卷针

2 →p.9

→p.9

材料

Original Wool（粗羊毛线）茶色（11），M号165g、L号200g、XL号250g。Feathery Mohair（极细羔羊马海毛+锦纶线）卡其色（05）、深砖红色（08），M号、L号、XL号各5g。Moke Wool A（粗羊毛线）绿色（19）、红色（22）、深蓝色（28），M号、L号、XL号各5g。

工具

棒针6号、4号。

成品尺寸

M号/胸围90cm、背肩宽38cm、长57cm、袖长50.5cm。
L号/胸围98cm、背肩宽42cm、长62.5cm、袖长52cm。
XL号/胸围108cm、背肩宽48cm、长67.5cm、袖长55cm。

编织密度

10cm×10cm面积内，编织下针18针、27行，编织配色花样A、A' 18针、26.5行，编织配色花样B 18针、30行，编织桂花针18针、33行。

▸编织要点

○身片、袖子…另线锁针起针，后身片、袖子编织下针，前身片编织下针及配色花样A、A'、B。配色花样使用横向渡线编织。1针以上的减针使用伏针减针，1针的减针使用侧边1针立式减针。加针使用1针内侧扭针加针。前身片和袖子编织完成后伏针收针。

○组合…肩部对齐，针与行接合。衣领挑指定的针数，编织单罗纹针，编织完成后伏针收针。袖子和身片对齐，下针接合、针与行接合。胁边针与行接合，袖下使用毛线缝针挑针缝合。拆除下摆和袖口起针的另线，挑针环形编织单罗纹针，编织完成后伏针收针。

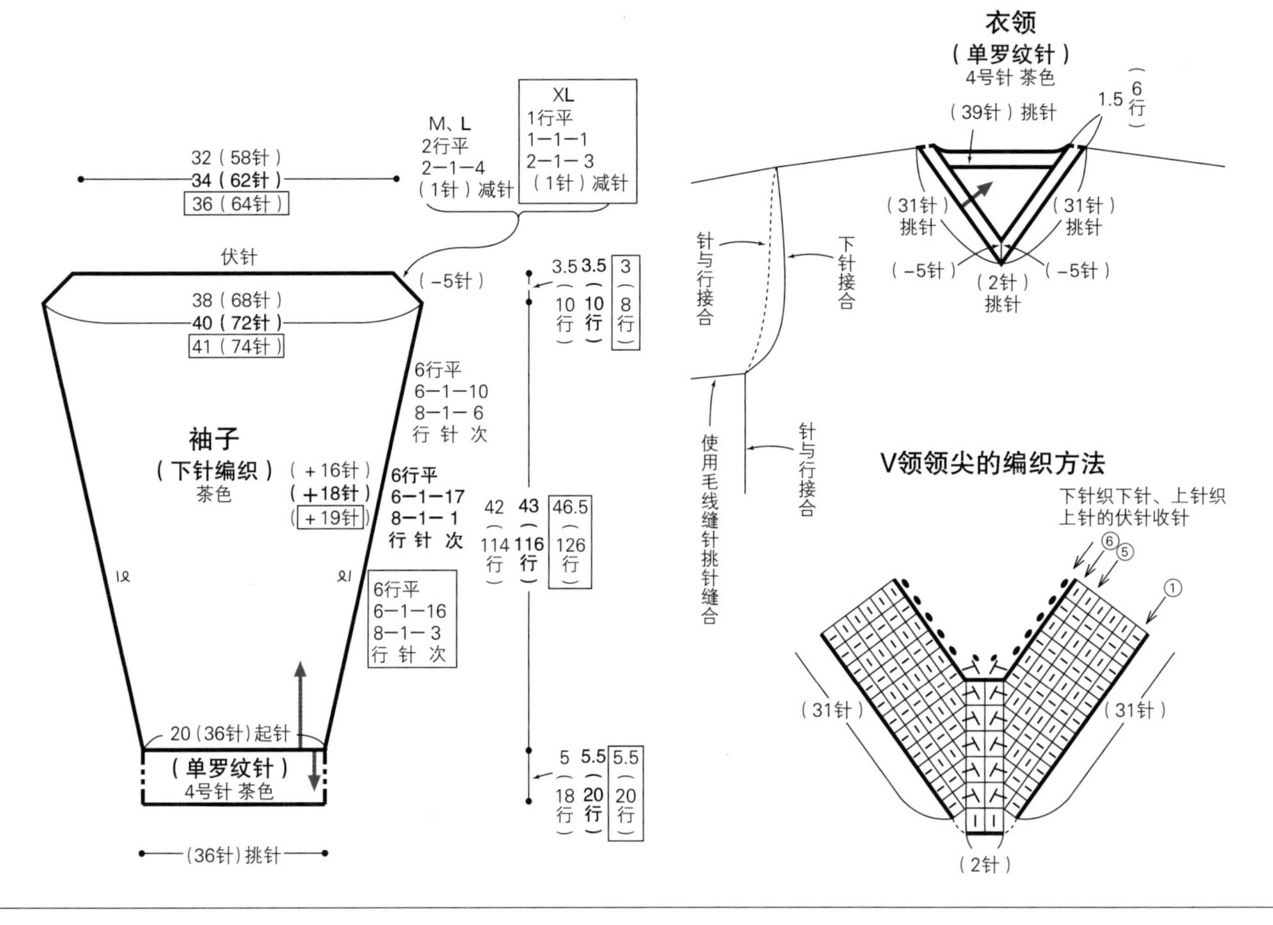

伏针收针

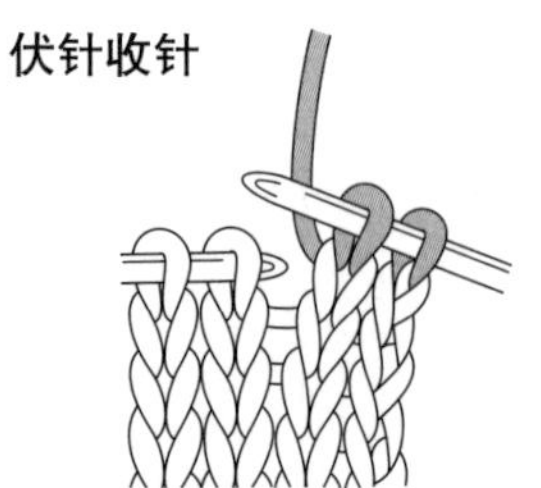

1 侧边开始编织2针下针。

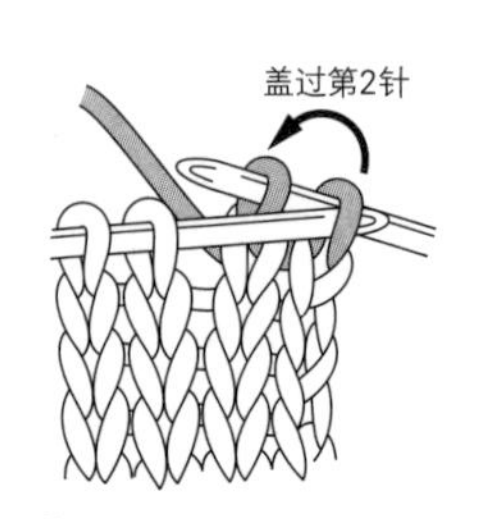

2 左侧棒针插入右侧的第1针，盖过第2针。

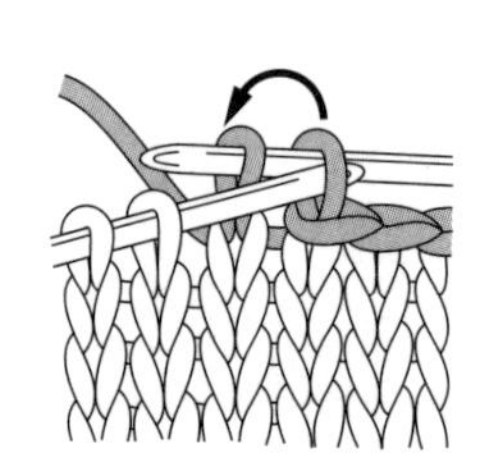

3 编织下针，将右侧棒针上的1针盖过这1针。重复操作。

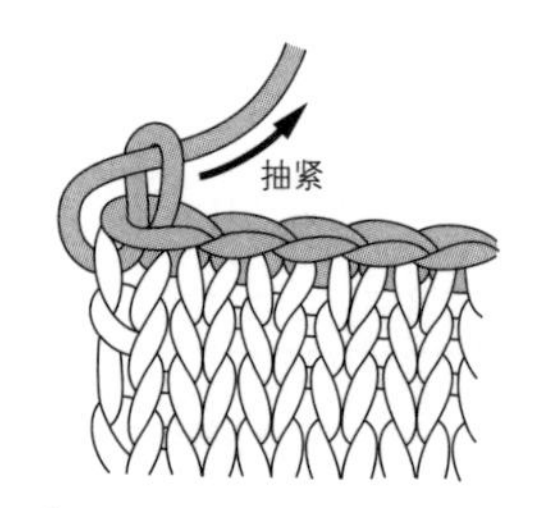

4 线穿过最后1针，抽紧。

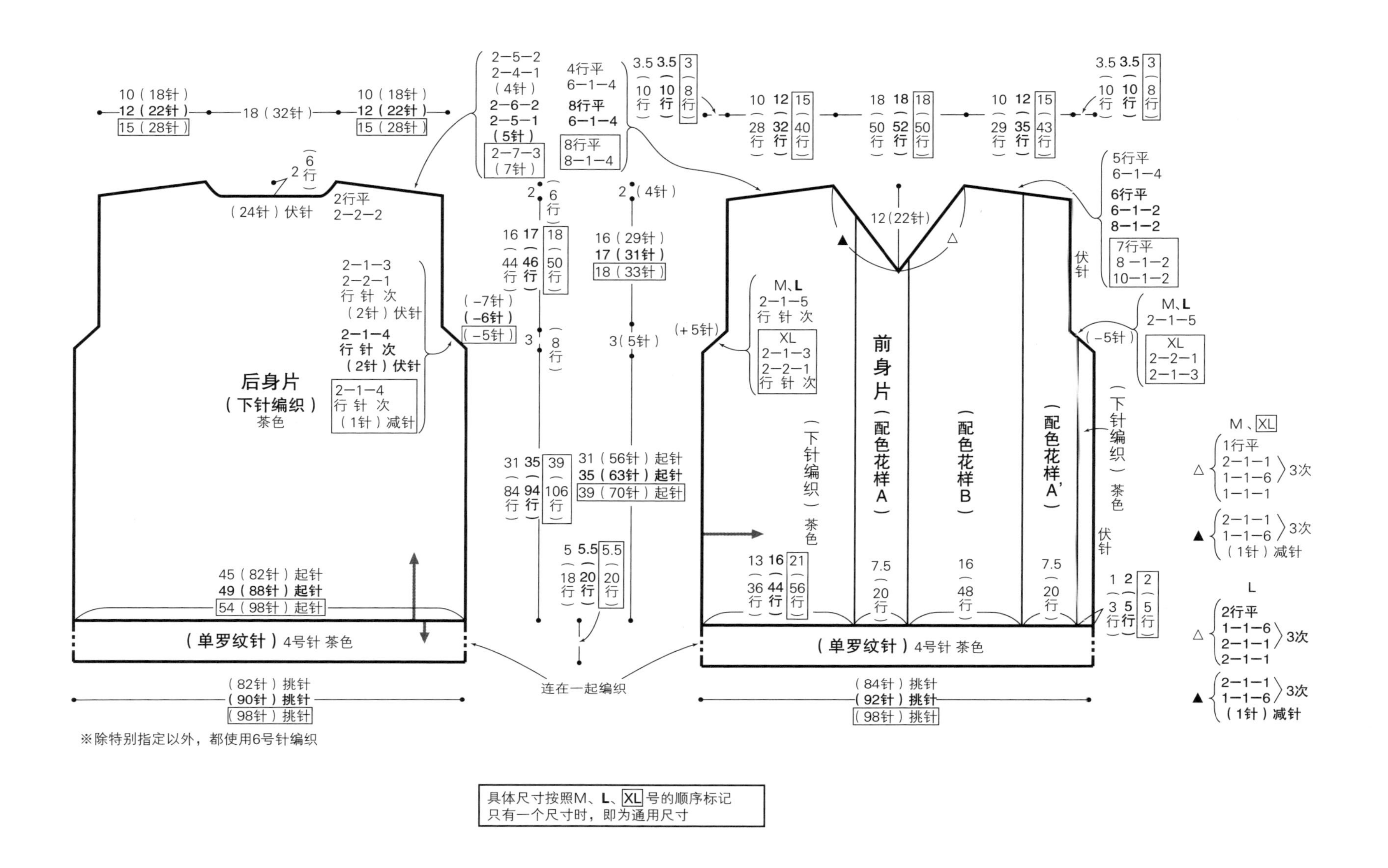

后身片
（下针编织）
茶色
（24针）伏针
2行平
2-2-2
2-1-3
2-2-1
行 针 次
（2针）伏针
2-1-4
行 针 次
（2针）伏针
2-1-4
行 针 次
（1针）减针
10（18针）
12（22针）
15（28针）
18（32针）
45（82针）起针
49（88针）起针
54（98针）起针
（单罗纹针）4号针 茶色
（82针）挑针
（90针）挑针
（98针）挑针
※除特别指定以外，都使用6号针编织
连在一起编织
前身片（配色花样A）
（配色花样B）
（配色花样A'）
（下针编织）茶色
12（22针）
伏针
M、L
2-1-5
行 针 次
XL
2-1-3
2-2-1
行 针 次
（+5针）
（-5针）
M、L
2-1-5
XL
2-2-1
2-1-3
5行平
6-1-4
6行平
6-1-2
8-1-2
7行平
8-1-2
10-1-2
4行平
6-1-4
8行平
6-1-4
8行平
8-1-4
2-5-2
2-4-1
（4针）
2-6-2
2-5-1
（5针）
2-7-3
（7针）
（-7针）
（-6针）
（-5针）
16（29针）
17（31针）
18（33针）
31（56针）起针
35（63针）起针
39（70针）起针
（单罗纹针）4号针 茶色
（84针）挑针
（92针）挑针
（98针）挑针
M、XL
△ 1行平 2-1-1 1-1-6 1-1-1 3次
▲ 2-1-1 1-1-6 3次 （1针）减针
L
△ 2行平 1-1-6 2-1-1 2-1-1 3次
▲ 2-1-1 1-1-6 3次 （1针）减针
具体尺寸按照M、L、XL号的顺序标记
只有一个尺寸时，即为通用尺寸

配色花样

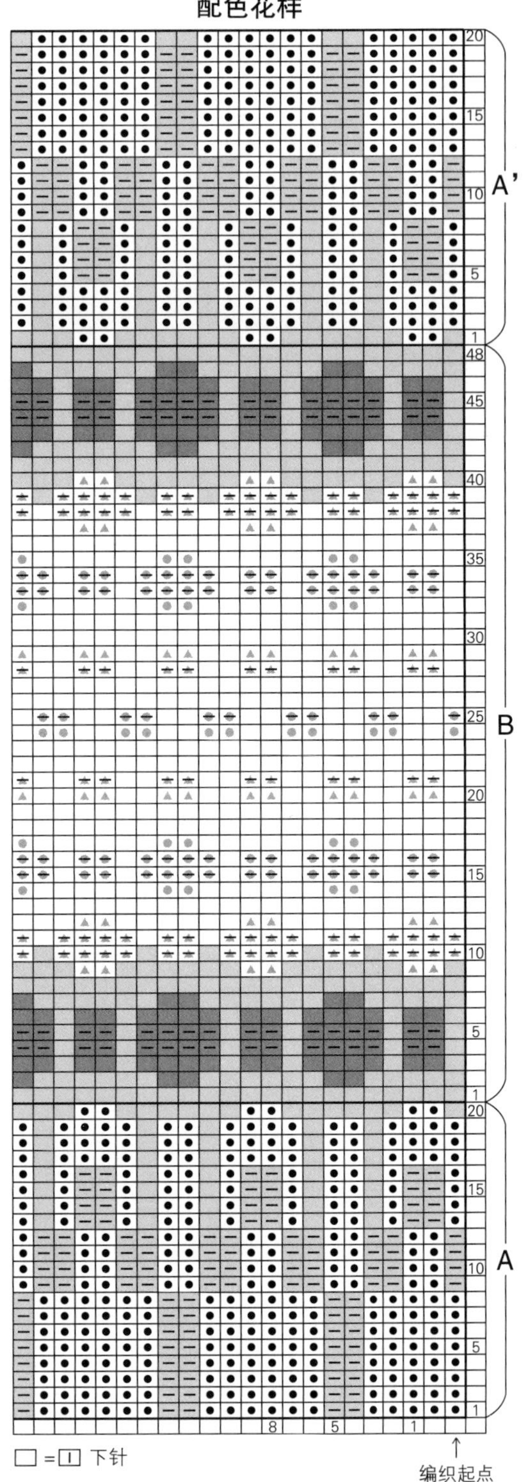

□ = ▯ 下针

编织起点

配色

	茶色
	卡其色
	红色
	绿色
	深砖红色
	深蓝色

单罗纹针

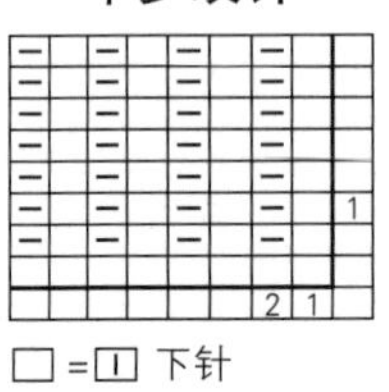

□ = ▯ 下针

横向渡线编织配色花样

横向的渡线需要在渡线针数上再加适当的余量，避免过紧起皱或是太长松散。配色线、底色线都必须带到侧边，防止侧边花样变形或出现空洞。

正面编织

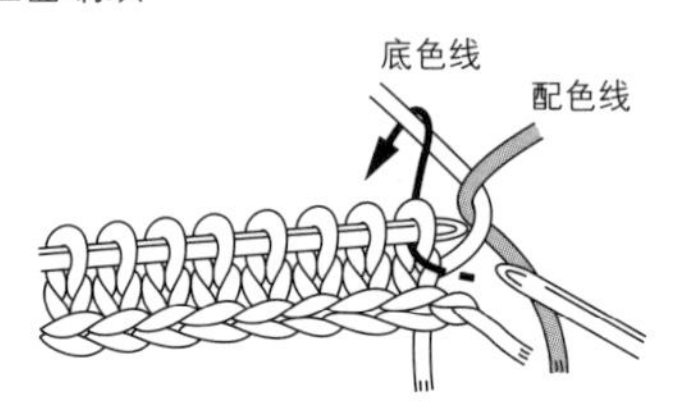

1 编织配色行时，按照图示，用底色线夹住配色线。

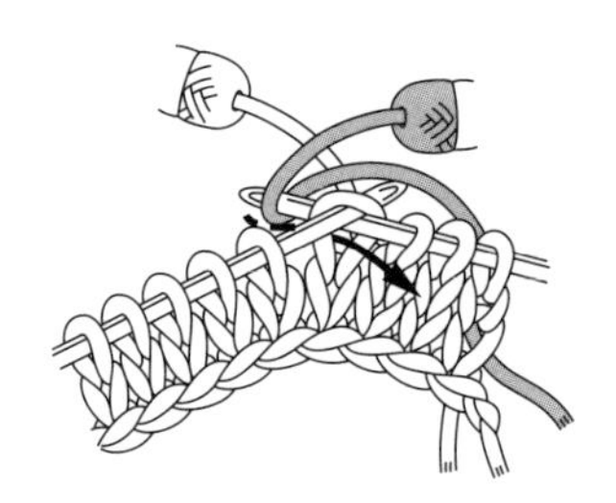

2 编织时，配色线从底色线上方渡线，底色线从配色线下方渡线。

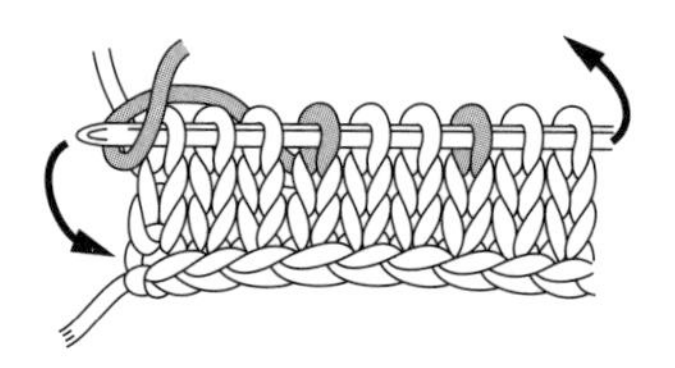

3 编织到侧边，将配色线挂在针上，沿着箭头方向翻转编织物。

背面编织

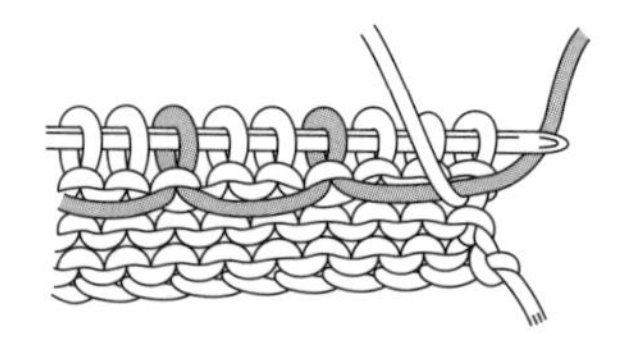

4 用底色线夹住配色线，编织背面。同样，配色线从底色线上方渡线，底色线从配色线下方渡线。

3 →p.9

→p.9

材料

Original Wool（粗羊毛线）黄色（30）20g。Feathery Mohair（极细羔羊马海毛+锦纶线）米黄色（03）、卡其色（05）各5g。Moke Wool A（粗羊毛线）深茶色（11）、深绿色（17）、浅绿色（18）各5g。

工具

棒针6号、4号。

成品尺寸

颈围52cm、长32cm。

编织密度

10cm×10cm面积内，编织配色花样A、A' 18.5针、28行，编织配色花样B 18.5针、32行。

▸编织要点

同线锁针起针，编织单罗纹针及配色花样A、A'、B。配色花样使用横向渡线编织。编织完成后伏针收针。

（单罗纹针）黄色 4号针

伏针

（配色花样A'）

围脖
（配色花样B）

（配色花样A）

52（96针）

（单罗纹针）黄色 4号针

（96针）起针

2（8行）
7.5（20行）
12.5（40行）
7.5（21行）
2.5（8行）

※除特别指定以外，都使用6号针编织

单罗纹针

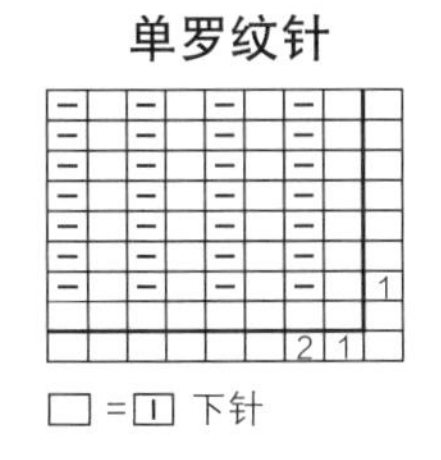

□ = ⊡ 下针

配色

⊡	黄色
▒	卡其色
■	深茶色
▲	浅绿色
□	米黄色
●	深绿色

配色花样

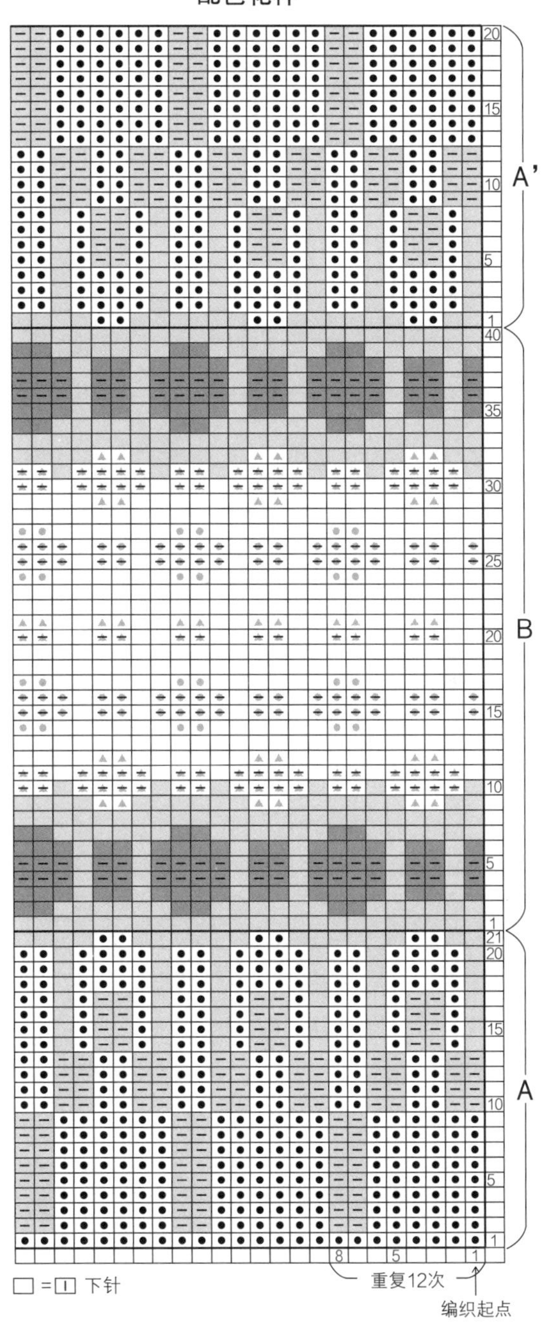

□ = ⊡ 下针

4 →p.11

材料

Original Wool（粗羊毛线）、T-Silk（中细真丝线）。颜色、色号、使用量请参照“使用线材表”。

直径27mm的纽扣1颗。直径28mm的摁扣4组。

工具

棒针9号、6号。钩针5/0号。

成品尺寸

M号/胸围106cm、衣长58cm、连肩袖长65cm。

L号/胸围117cm、衣长65cm、连肩袖长70cm。

编织密度

10cm×10cm面积内，编织配色花样16针、24行。

▶ **编织要点**

○身片、袖子…除衣袋背面外，都按照指定的配色，用2股或3股线进行编织。手指挂线起针，编织起伏针、配色花样。配色花样使用纵向渡线。身片分散减针，插肩袖侧边2针立式减针。袖下1针内侧扭针加针。

○组合…编织前身片侧的衣袋口，使用毛线缝针挑针缝合插肩袖、肋边的衣袋口上下侧和袖下，腋下编织下针接合。衣袋背面以身片同样的方法起针，编织下针，减针采用侧边1针立式减针，编织完成后伏针收针。后身片的衣袋口使用毛线缝针挑针缝合，其他部分和前身片卷针缝合。衣领钩织引拔针和短针。从前身片和衣领挑针，以衣领同样的方法钩织前襟。钉缝纽扣和摁扣。

使用线材表

线材名	色号	使用量 M号	使用量 L号
Original Wool	深绿色（19）	280g	325g
	黑色（34）	175g	205g
	蓝灰色（15）	50g	60g
T-Silk	米黄色（01）	85g	100g
	深灰色（15）	45g	55g

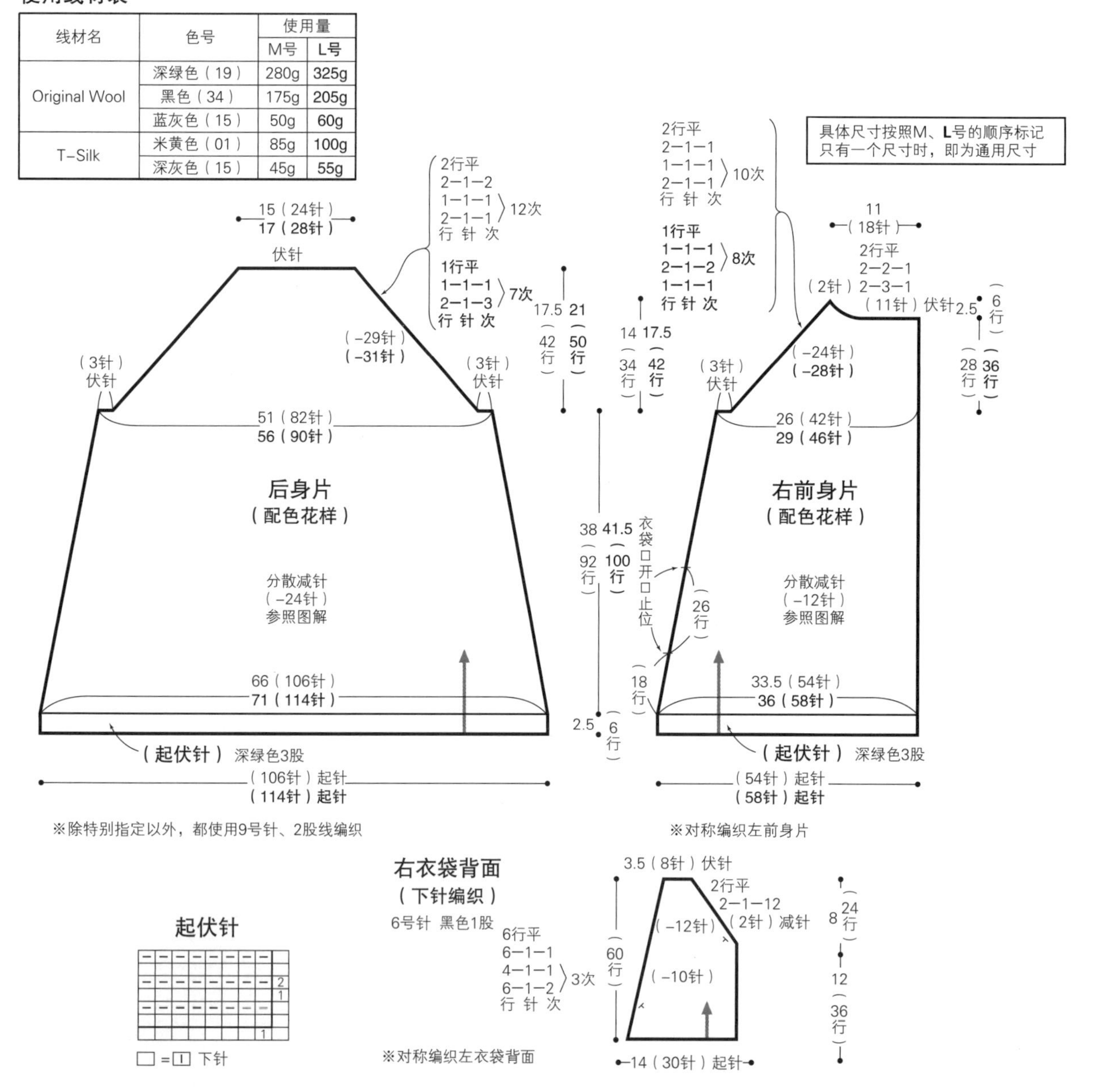

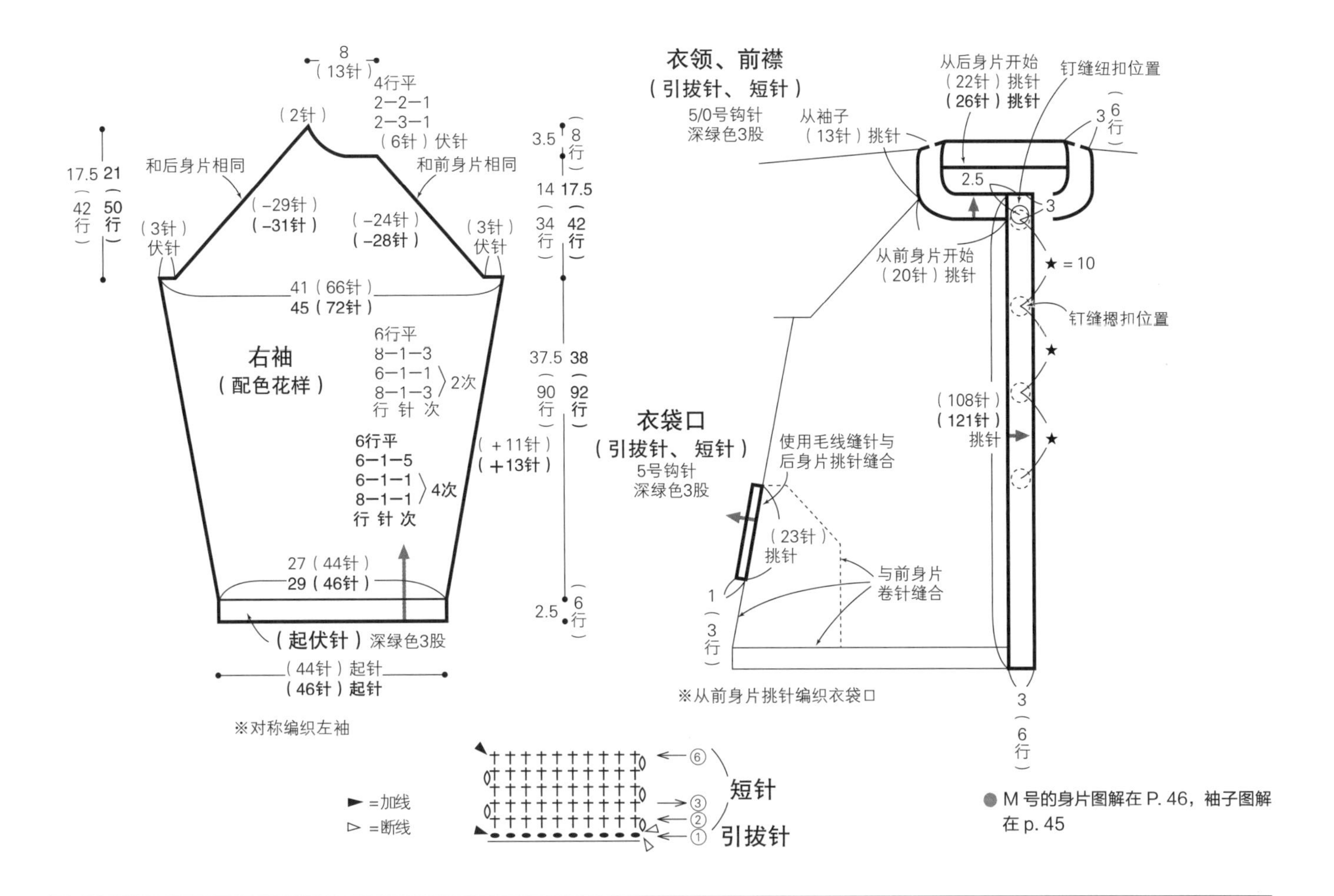

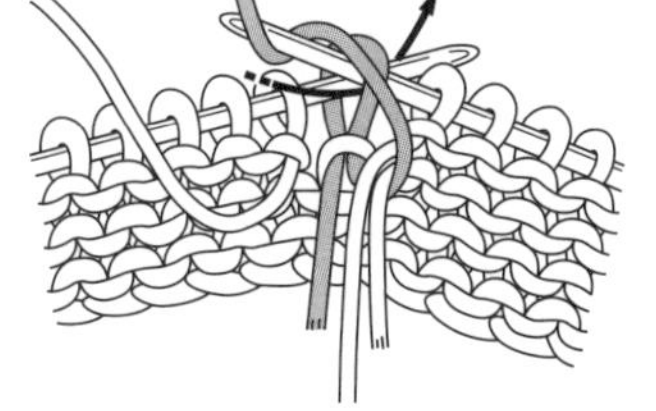

● M 号的身片图解在 P. 46，袖子图解在 p. 45

纵向渡线编织配色花样

正面编织

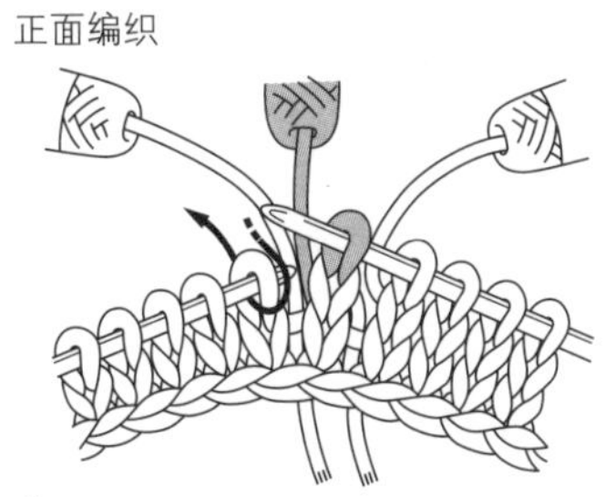

1 在编织花样的位置加新线。

背面编织

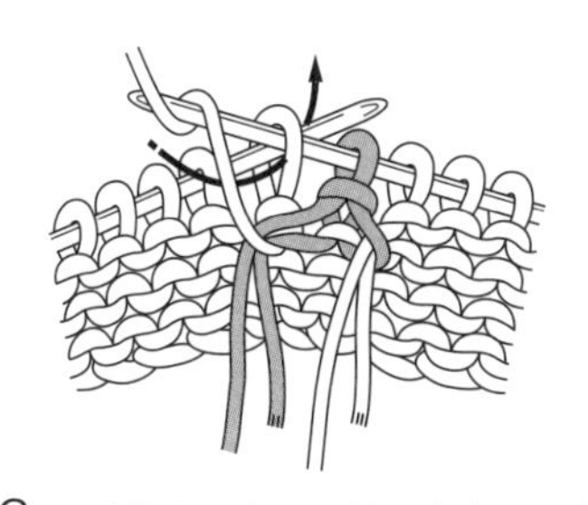

2 换线时，从当前编织线的下方向上交叉渡线。

3 再次换线时也是同样的方法，从当前编织线的下方向上交叉渡线。

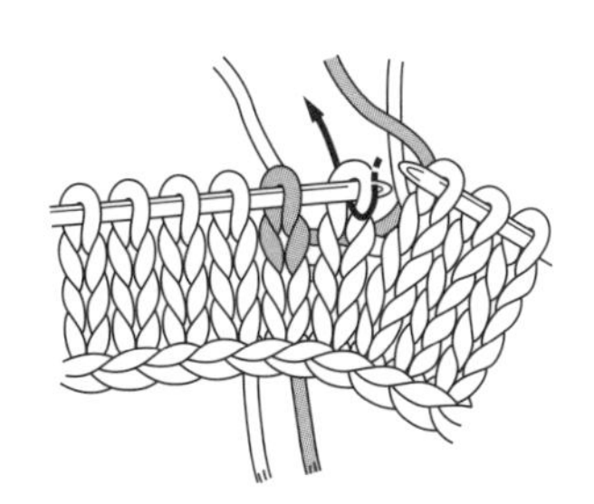

4 换线时，从当前编织线的下方向上交叉渡线。

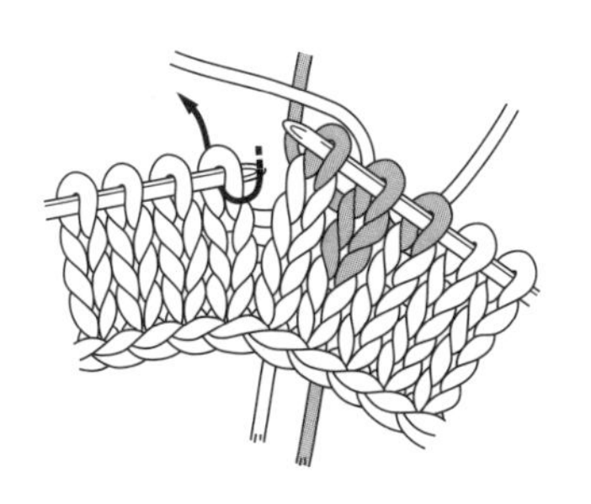

5 再次换线时也是同样的方法，从当前编织线的下方向上交叉渡线。

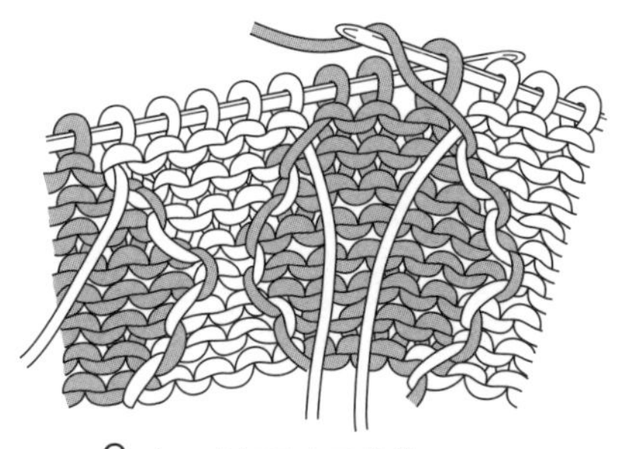

6 每一次都是交叉换线。

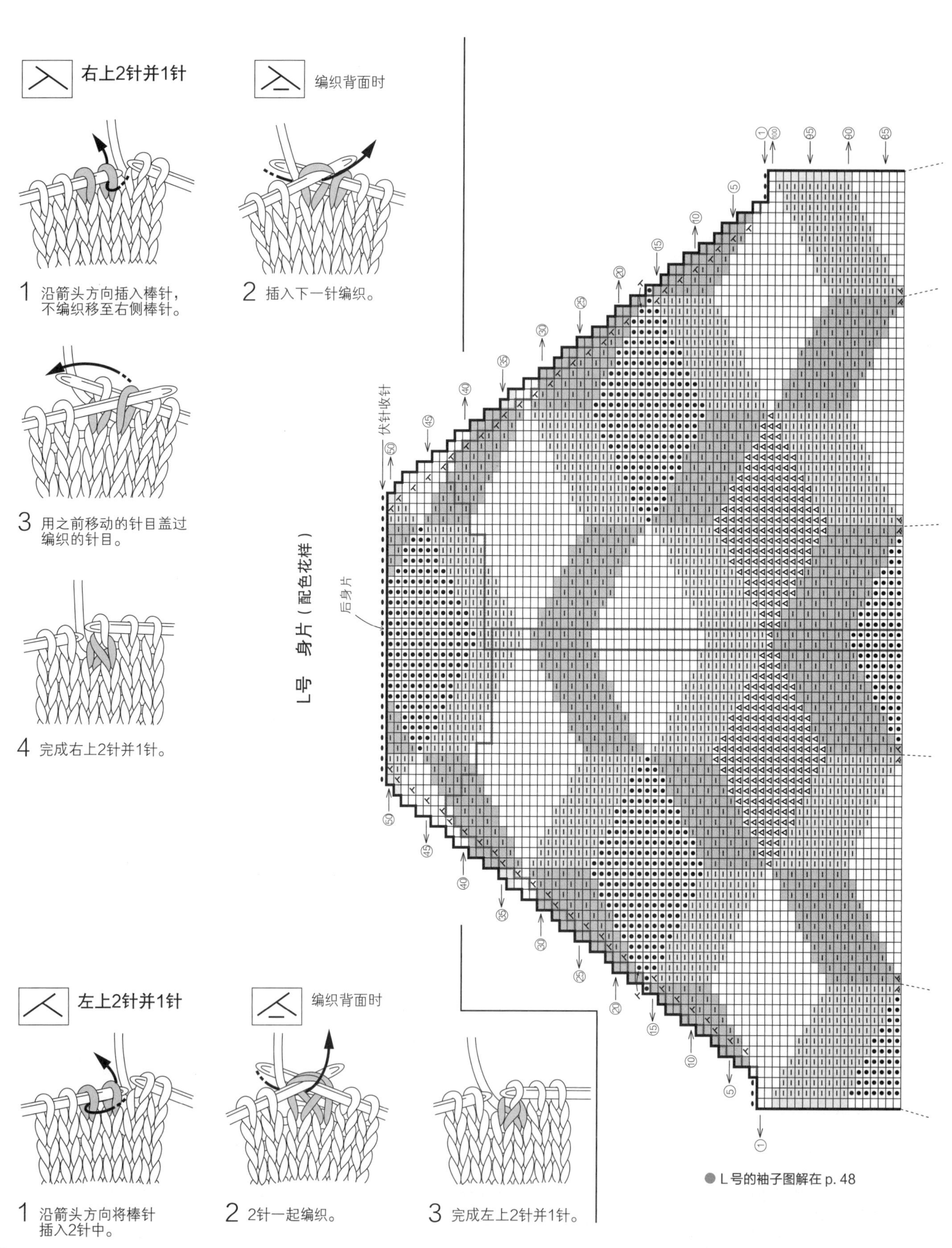

● L号的袖子图解在 p. 48

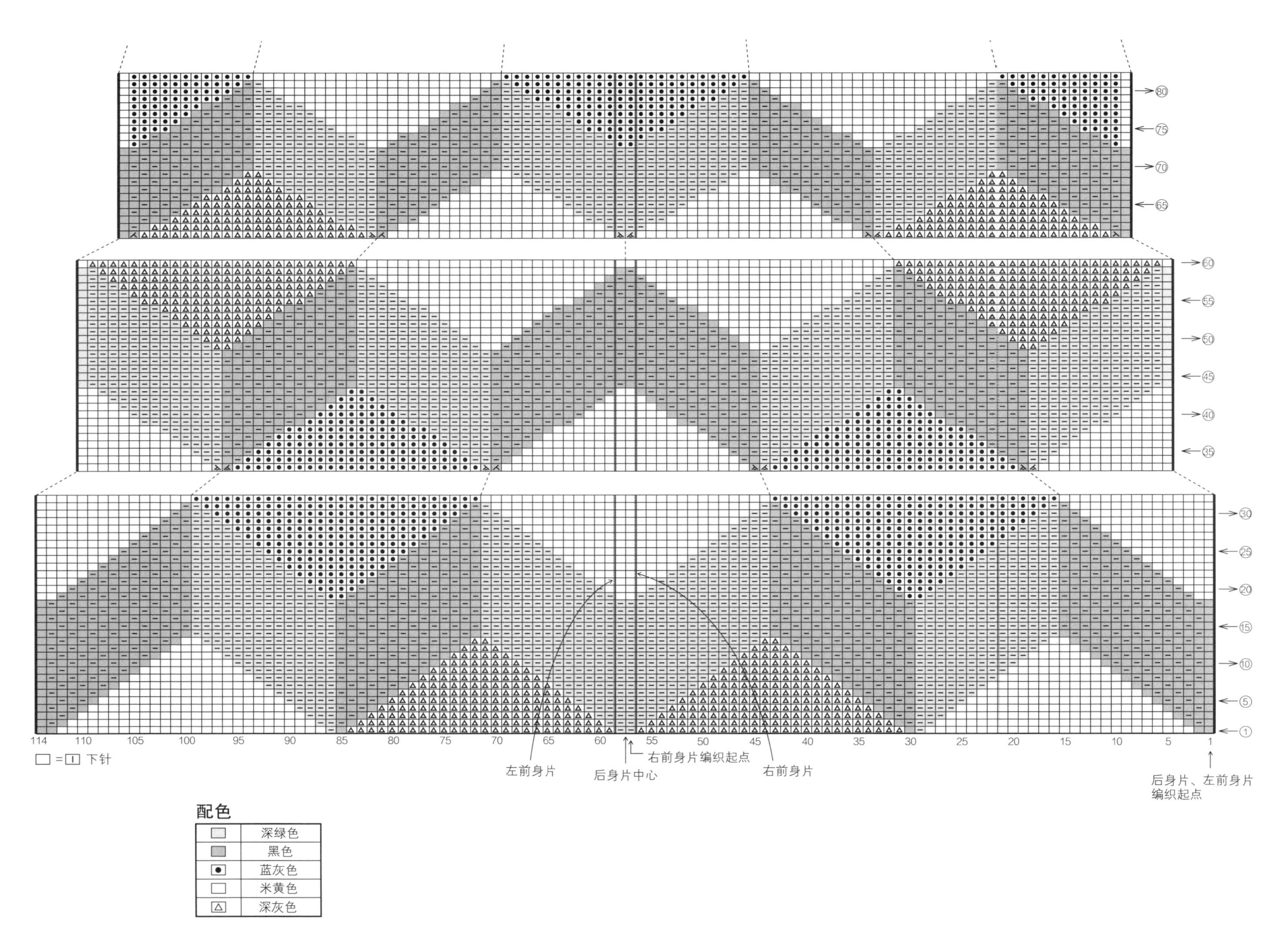

□ = □ 下针
左前身片
后身片中心
右前身片编织起点
右前身片
后身片、左前身片
编织起点
配色
深绿色
黑色
蓝灰色
米黄色
深灰色

5 →p.12

材料

Original Wool（粗羊毛线）炭黑色（33）75g、驼色（31）45g、灰色（36）40g。T-Silk（中细真丝线）海军蓝色（13）85g、米黄色（01）40g。

工具

棒针6号。

成品尺寸

宽55cm、长152cm。

编织密度

10cm×10cm 面积内，编织配色花样20针、30行。

▶ 编织要点

手指挂线起针，编织起伏针、起伏针条纹、配色花样。配色花样使用纵向渡线。编织完成后伏针收针。

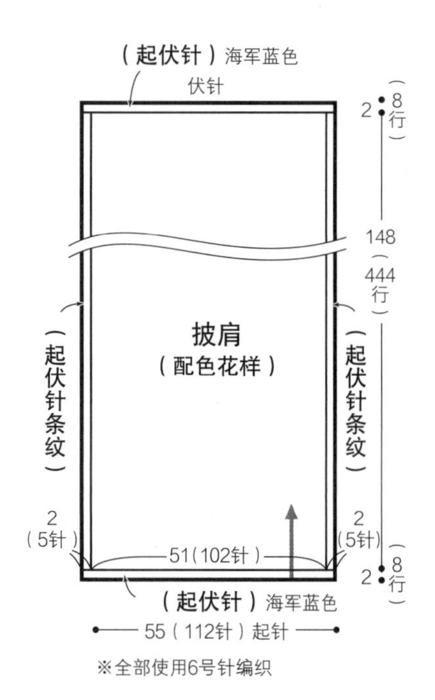

※全部使用6号针编织

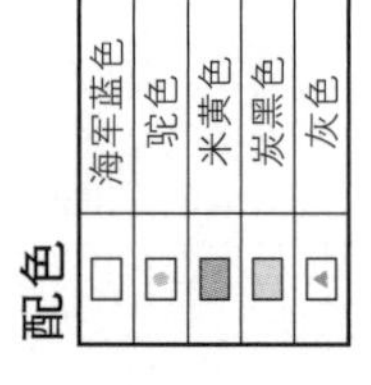

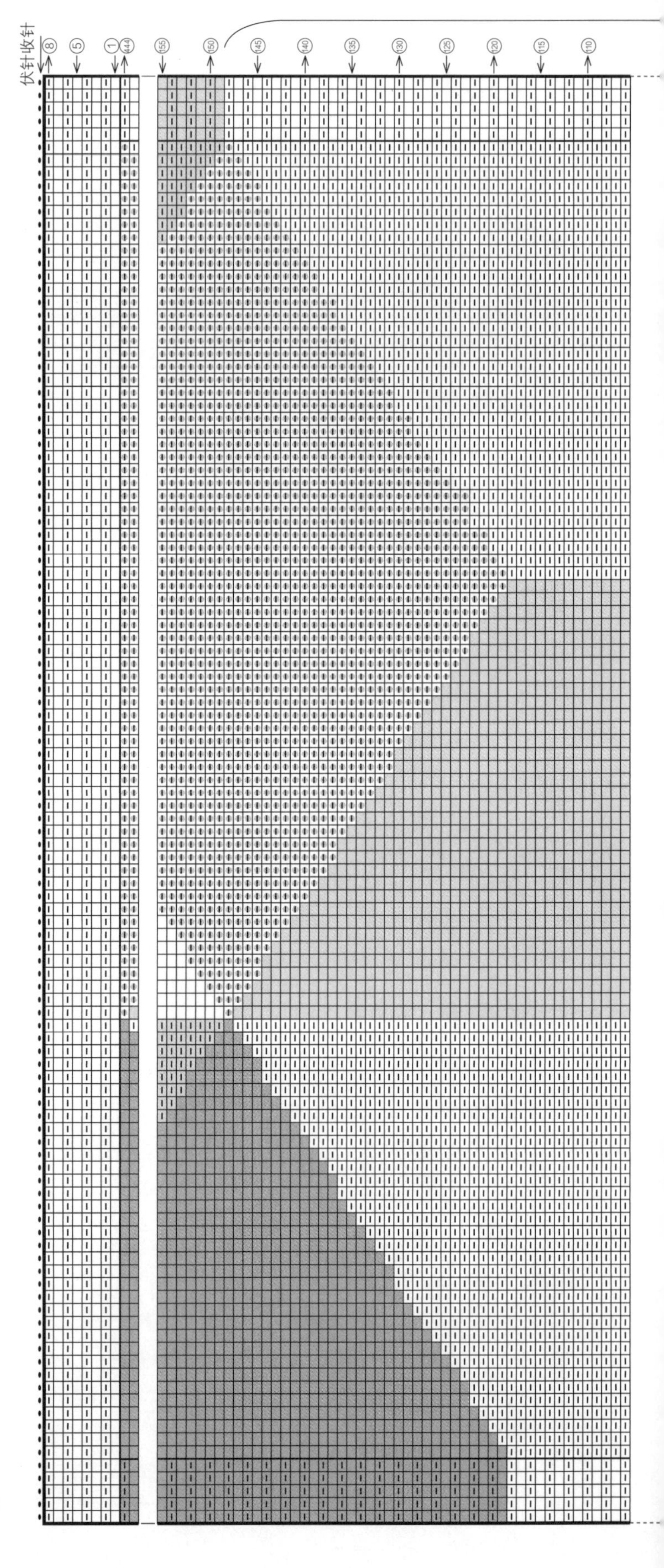

配色花样和起伏针条纹 148行1个花样

□ = □(I) 下针

6 →p.13

材料

Cashmere（极细山羊绒线）灰色（02）220g。

工具

棒针6号。

成品尺寸

宽52cm、长144cm。

编织密度

10cm×10cm 面积内，编织花样22.5针、33.5行。

▸编织要点

2股线编织。手指挂线起针，编织起伏针、花样。编织完成后伏针收针。

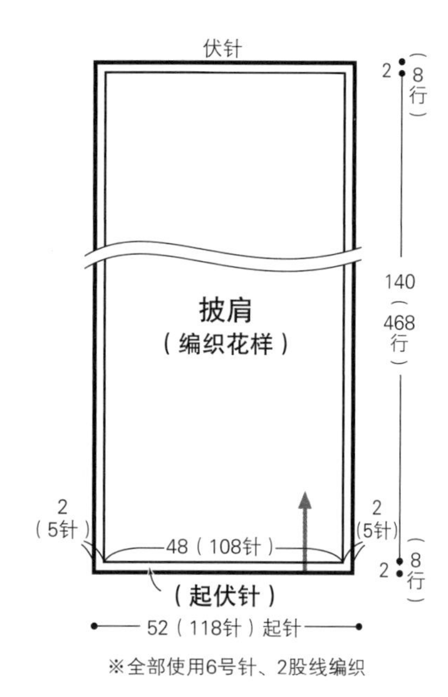

起伏针

□ = ⊟ 下针

编织花样 156行1个花样

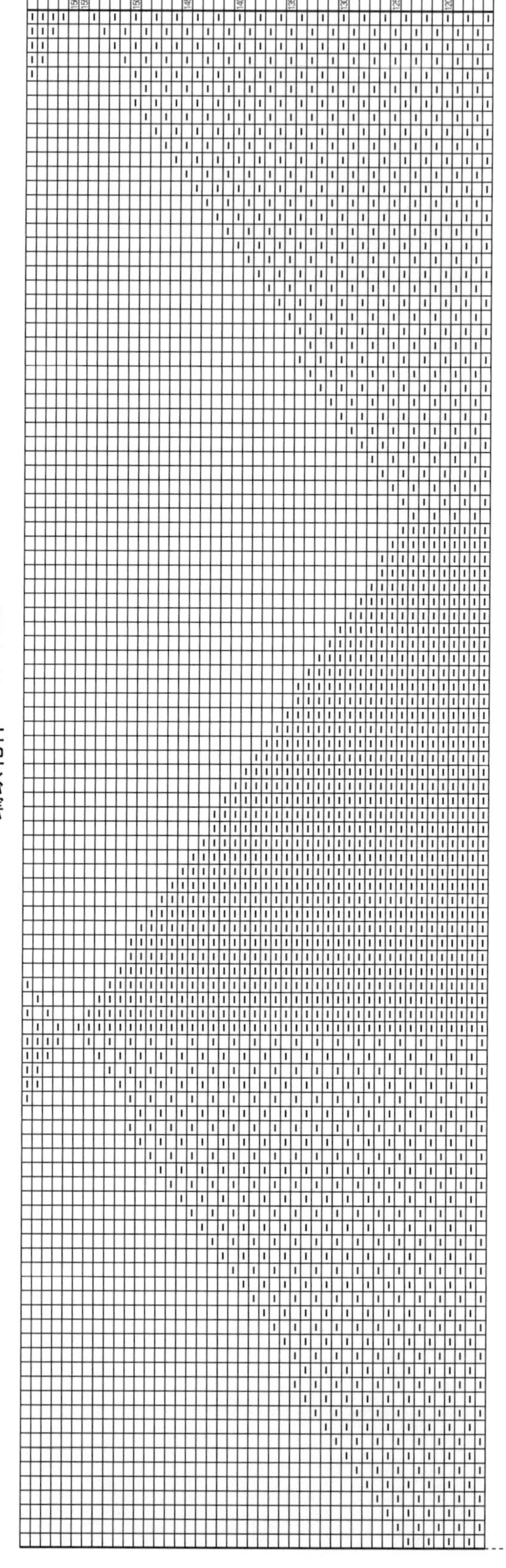

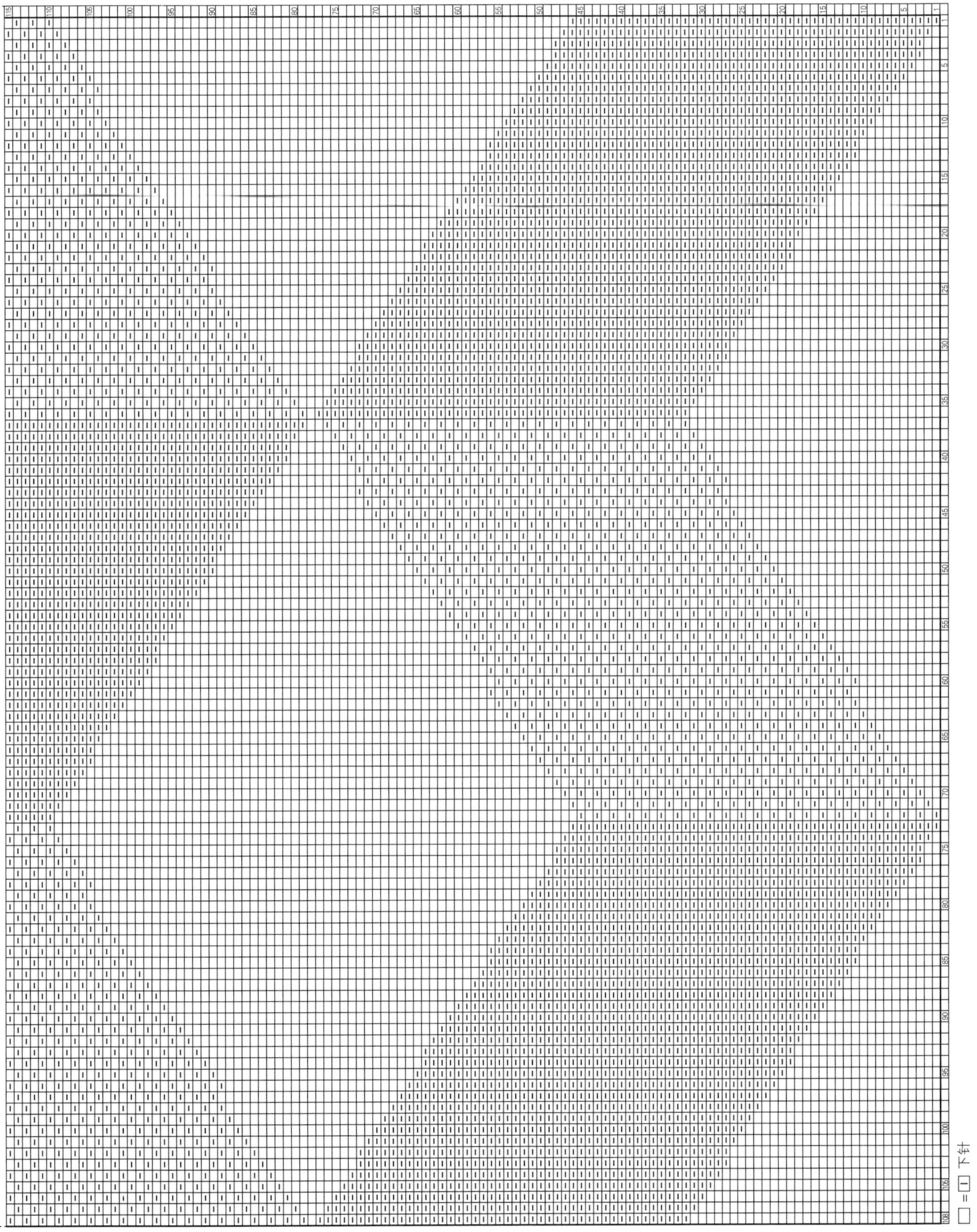

□ = 〔I〕 下针

7 →p.15

材料

Moke Wool B（中粗羊毛线）藏青色（29），M号460g、L号535g。
Feathery Mohair（极细羔羊马海毛+锦纶线）红茶色（01）、炭灰色（11），M号各15g、L号各20g。
直径18mm的纽扣3颗。

工具

棒针10号。

成品尺寸

M号/胸围100cm、衣长86cm、连肩袖长51.5cm。
L号/胸围110cm、衣长89cm、连肩袖长56cm。

编织密度

10cm×10cm面积内，编织下针15针、22行。

▸编织要点

◎身片、袖子…另线锁针起针，编织下针。加针时使用1针内侧扭针加针，减针使用侧边1针立式减针。编织完成后休针。下摆拆除起针的另线，和肋边一起挑指定的针数，编织单罗纹针，编织完成后单罗纹针收针。拆除袖口起针的另线，挑针编织双罗纹针，编织完成后双罗纹针收针。

◎组合…使用毛线缝针挑针缝合肋边的衣袋口上侧和袖下，腋下对齐，下针接合，挑针编织育克。育克编织下针和条纹花样，参照图解分散减针，需要注意，从前身片开口部分开始往返编织。衣领连在一起，编织花样A。编织完成后伏针收针，向内侧翻折包缝。衣袋以身片同样的方法起针，编织下针。1针以上的减针使用伏针减针，1针的减针使用侧边2针立式减针，编织完成后伏针收针。拆除起针的另线，挑针对称编织另一侧。使用毛线缝针挑针缝合★和☆，将下针一侧翻为背面，使用毛衣缝针挑针缝合在身片的衣袋口。在前身片的衣袋口编织衣袋装饰，编织完成后和衣领一样，伏针收针，向内侧翻折包缝。前襟从育克和衣领挑针，编织单罗纹针。右前襟开扣眼。编织完成后和下摆一样，单罗纹针收针。右前襟的一侧和育克的休针做针与行接合。左前襟的一侧包缝于背面。钉缝纽扣。

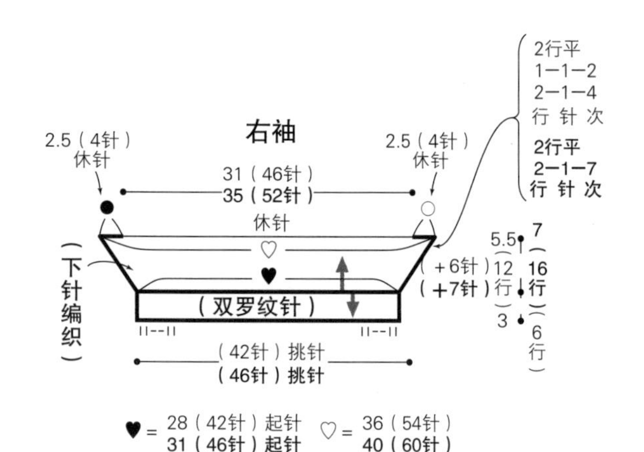

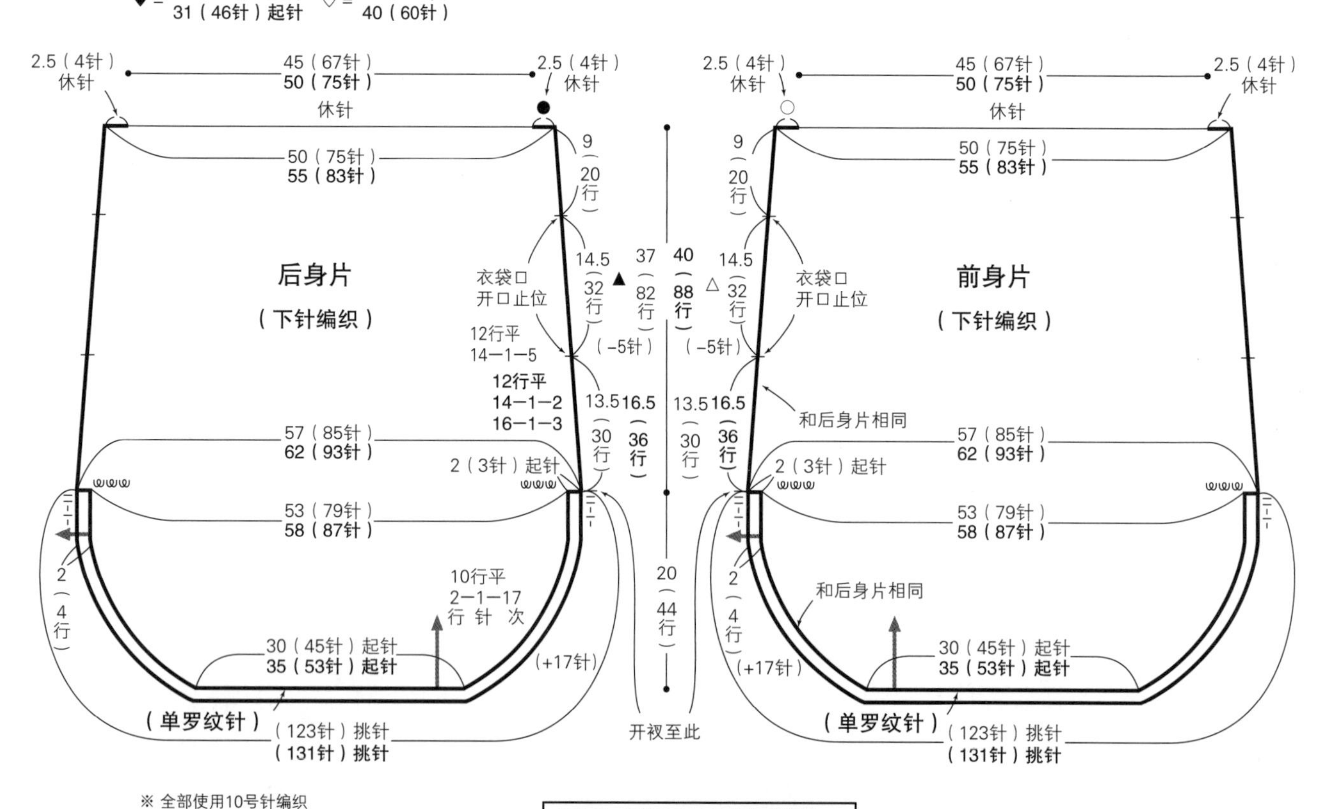

※ 全部使用10号针编织
※ 除特别指定以外，都使用藏青色1股线编织
※ 身片和袖子的对其标记●○使用下针接合

具体尺寸按照M、L号的顺序标记
只有一个尺寸时，即为通用尺寸

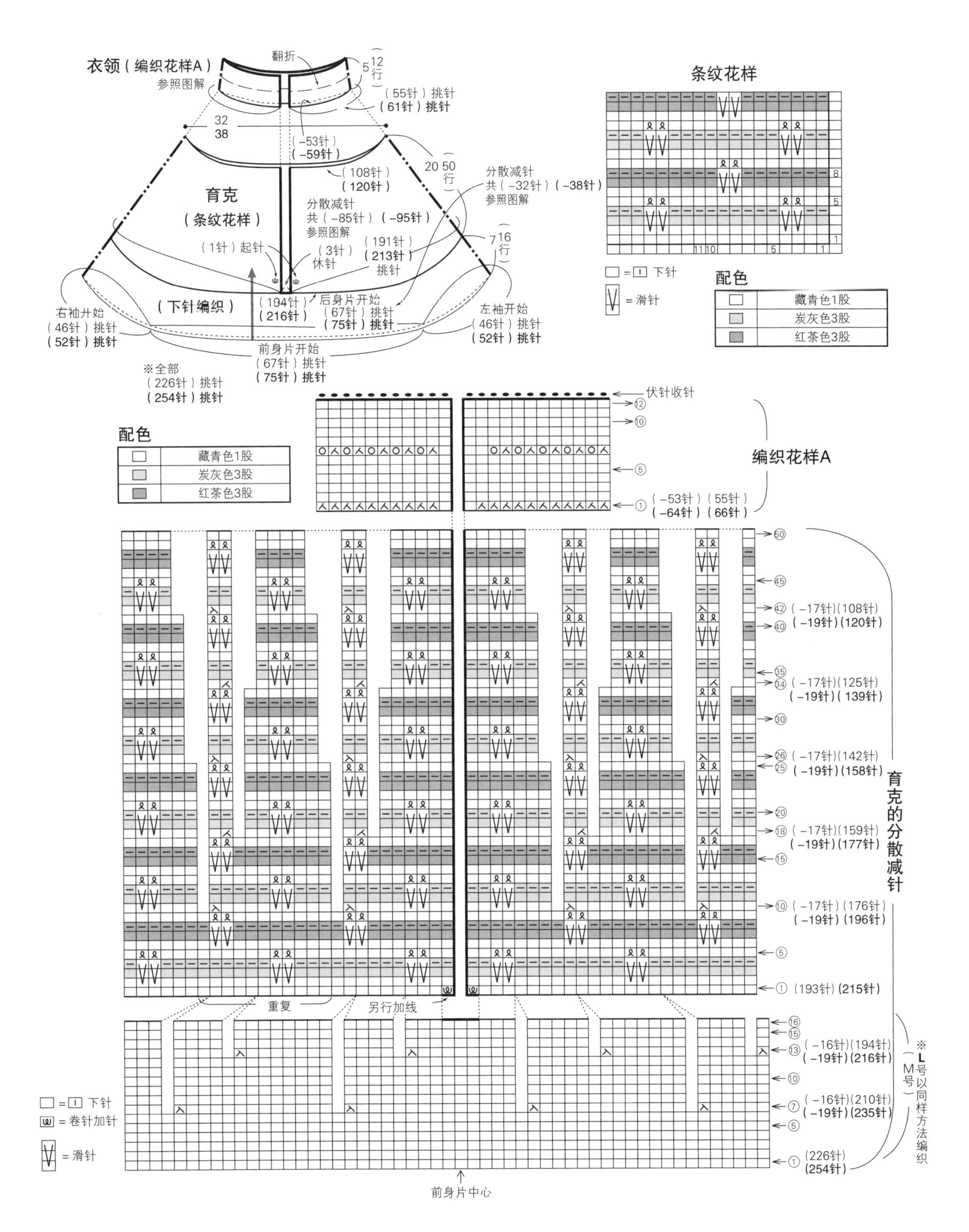

衣领（编织花样A）
参照图解
翻折
5 （12行）
（55针）挑针
（61针）挑针
32
38
（-53针）
（-59针）
20 （50行）
育克
（条纹花样）
（108针）
（120针）
分散减针
共（-32针）（-38针）
参照图解
分散减针
共（-85针）（-95针）
参照图解
（1针）起针
（3针）休针
（191针）
（213针）
挑针
7 （16行）
（下针编织）
（194针）
（216针）
后身片开始
（67针）挑针
（75针）挑针
右袖开始
（46针）挑针
（52针）挑针
左袖开始
（46针）挑针
（52针）挑针
前身片开始
（67针）挑针
（75针）挑针
※全部
（226针）挑针
（254针）挑针
条纹花样
= 下针
= 滑针
配色
藏青色1股
炭灰色3股
红茶色3股
伏针收针
编织花样A
（-53针）（55针）
（-64针）（66针）
育克的分散减针
（-17针）（108针）
（-19针）（120针）
（-17针）（125针）
（-19针）（139针）
（-17针）（142针）
（-19针）（158针）
（-17针）（159针）
（-19针）（177针）
（-17针）（176针）
（-19针）（196针）
（193针）（215针）
重复
另行加线
（-16针）（194针）
（-19针）（216针）
（-16针）（210针）
（-19针）（235针）
（226针）
（254针）
※L号以同样方法编织（M号）
= 下针
= 卷针加针
= 滑针
前身片中心

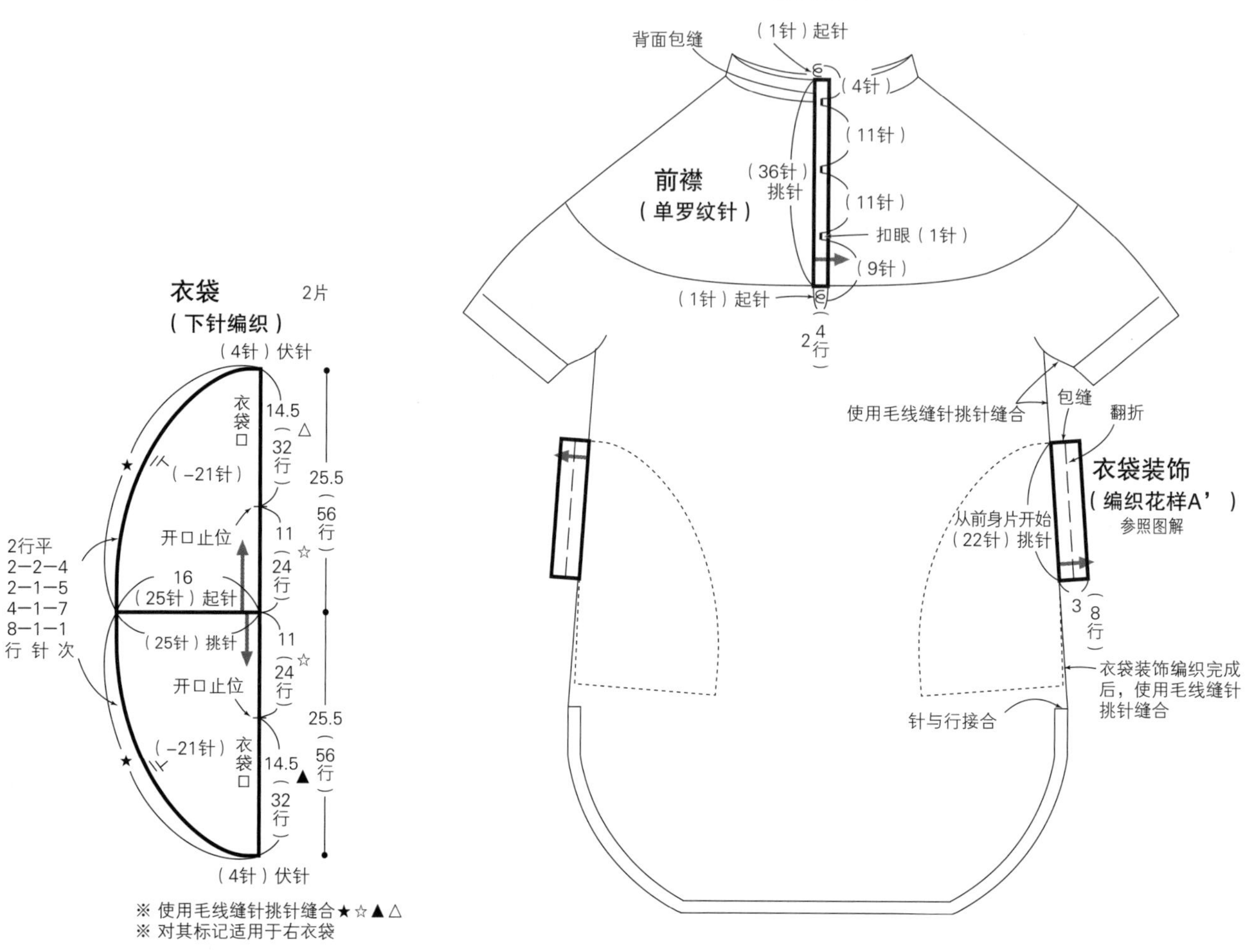

扣眼（右前襟）

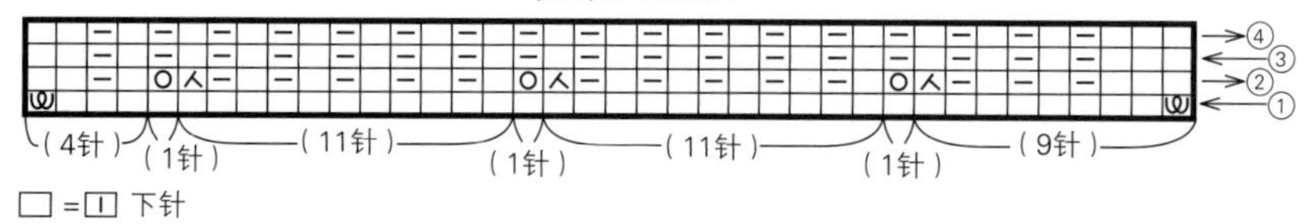

编织花样A'（衣袋装饰）

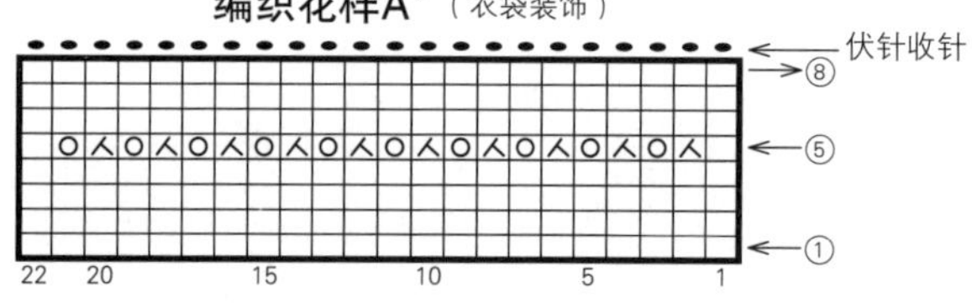

10 →p.19

材料

Moke Wool B（中粗羊毛线）深茶色（11）60g。Feathery Mohair（极细羔羊马海毛+锦纶线）紫色（09）15g、深砖红色（08）10g。

工具

棒针10号、8号。

成品尺寸

头围54cm、帽深24cm。

编织密度

10cm×10cm面积内，编织条纹花样14针、24.5行。

▸ 编织要点

手指挂线起针，环形编织单罗纹针、条纹花样。参照图解分散减针。编织完成后，将线分两次间隔1针穿过最后1行的针目，抽紧。制作绒球，缝制在帽顶。

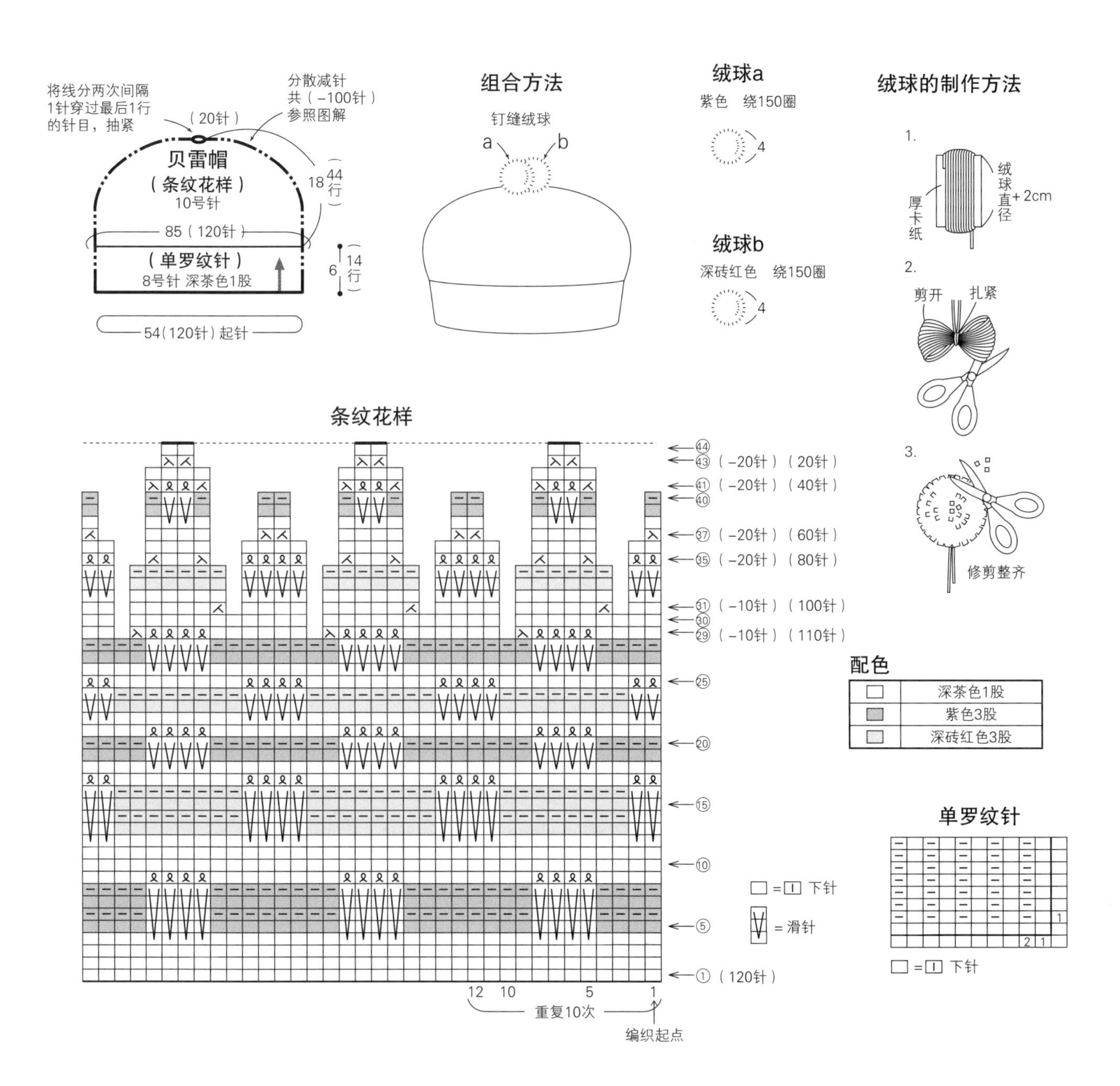

8 →p.17

材料

Moke Wool B（中粗羊毛线）深灰色（15），M号325g、L号360g、XL号435g。Feathery Mohair（极细羔羊马海毛+锦纶线）卡其色（05）、蓝色（06）各10g。

工具

棒针11号、9号。

成品尺寸

M号/胸围92cm、背肩宽39cm、长54.5cm、袖长48.5cm。

L号/胸围98cm、背肩宽42cm、长57cm、袖长51cm。

XL号/胸围108cm、背肩宽49cm、长65.5cm、袖长55cm。

编织密度

10cm×10cm面积内，编织下针和条纹花样15针、22.5行。

▸编织要点

○身片、袖子…手指挂线起针，后身片、袖子编织单罗纹针和下针，前身片编织单罗纹针和条纹花样。1针以上的减针使用伏针减针，1针的减针使用侧边1针立式减针。加针使用1针内侧扭针加针。袖子编织完成后伏针收针。

○组合…肩部盖针接合。衣领挑指定的针数，环形编织单罗纹针，编织完成后，做下针织下针、上针织上针的伏针收针。胁边和袖下使用毛线缝针挑针缝合。袖子和身片的连接使用毛线缝针挑针缝合、针与行接合。

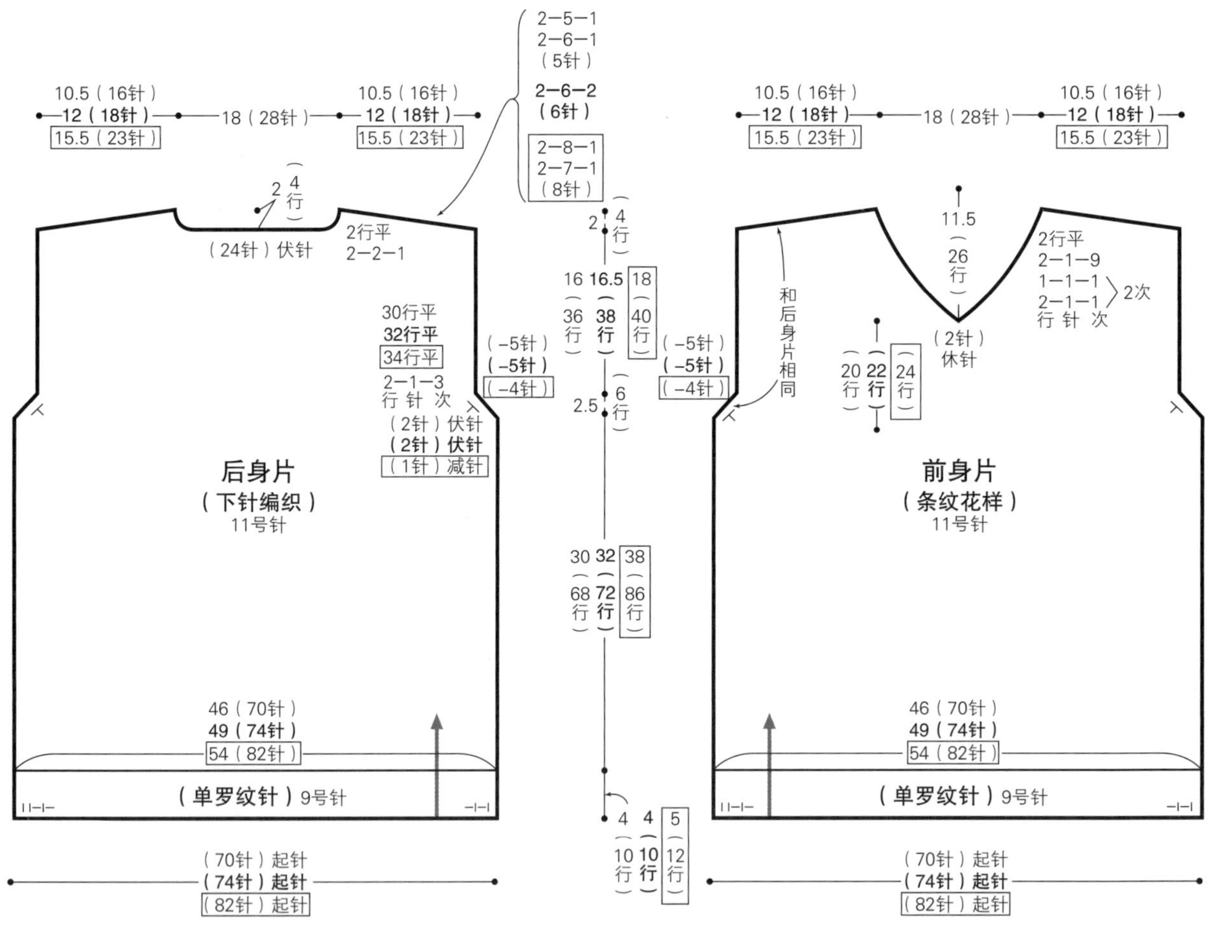

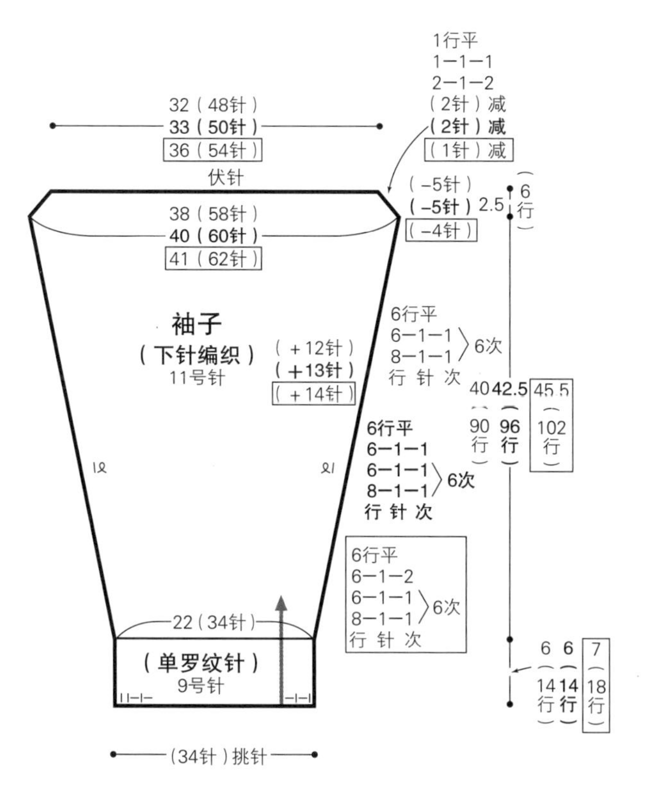

条纹花样

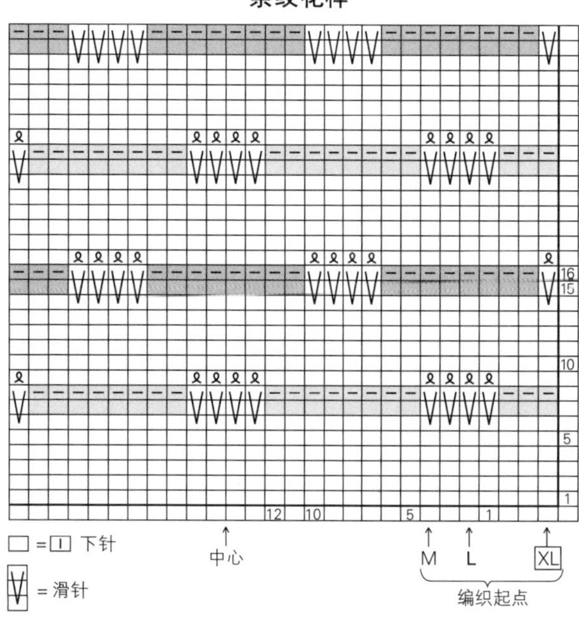

配色

□	深灰色1股
□	卡其色3股
■	蓝色3股

单罗纹针

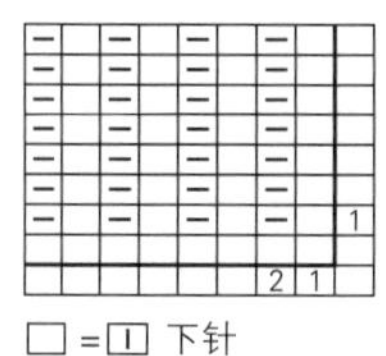

衣领

（单罗纹针）9号针

（31针）挑针

2（6行）

（24针）挑针

（24针）挑针

（－5针）

（2针）挑针

（－5针）

针与行接合

使用毛线缝针挑针缝合

使用毛线缝针挑针缝合

V领领尖的编织方法

下针织下针、上针织上针的伏针收针

⑥ ⑤ ①

（24针）

（24针）

（2针）

滑针
（1行的情况）

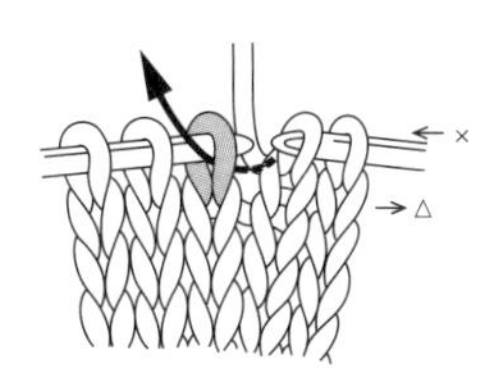

1 △行不操作，在×行沿箭头方向插入右侧棒针，无须编织将针目滑至右侧棒针。

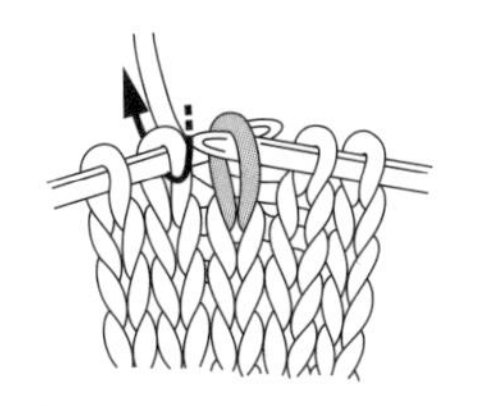

2 从背面渡线，编织下一针。

9 →p.18

材料

Moke Wool B（中粗羊毛线）绿色（19）85g。Feathery Mohair（极细羔羊马海毛+锦纶线）灰色（10）60g、米灰色（04）30g。

工具

棒针10号。

成品尺寸

宽29cm、长153.5cm。

编织密度

10cm×10cm面积内，编织下针15针、22.5行，编织条纹花样A 15针、26行，编织条纹花样B 15针、27行，编织条纹花样C 15针、26.5行。

▸编织要点

手指挂线起针，编织起伏针、下针及条纹花样A、B、C。加针使用2针内侧挂针加针。减针使用3针立式减针。编织完成后伏针收针。

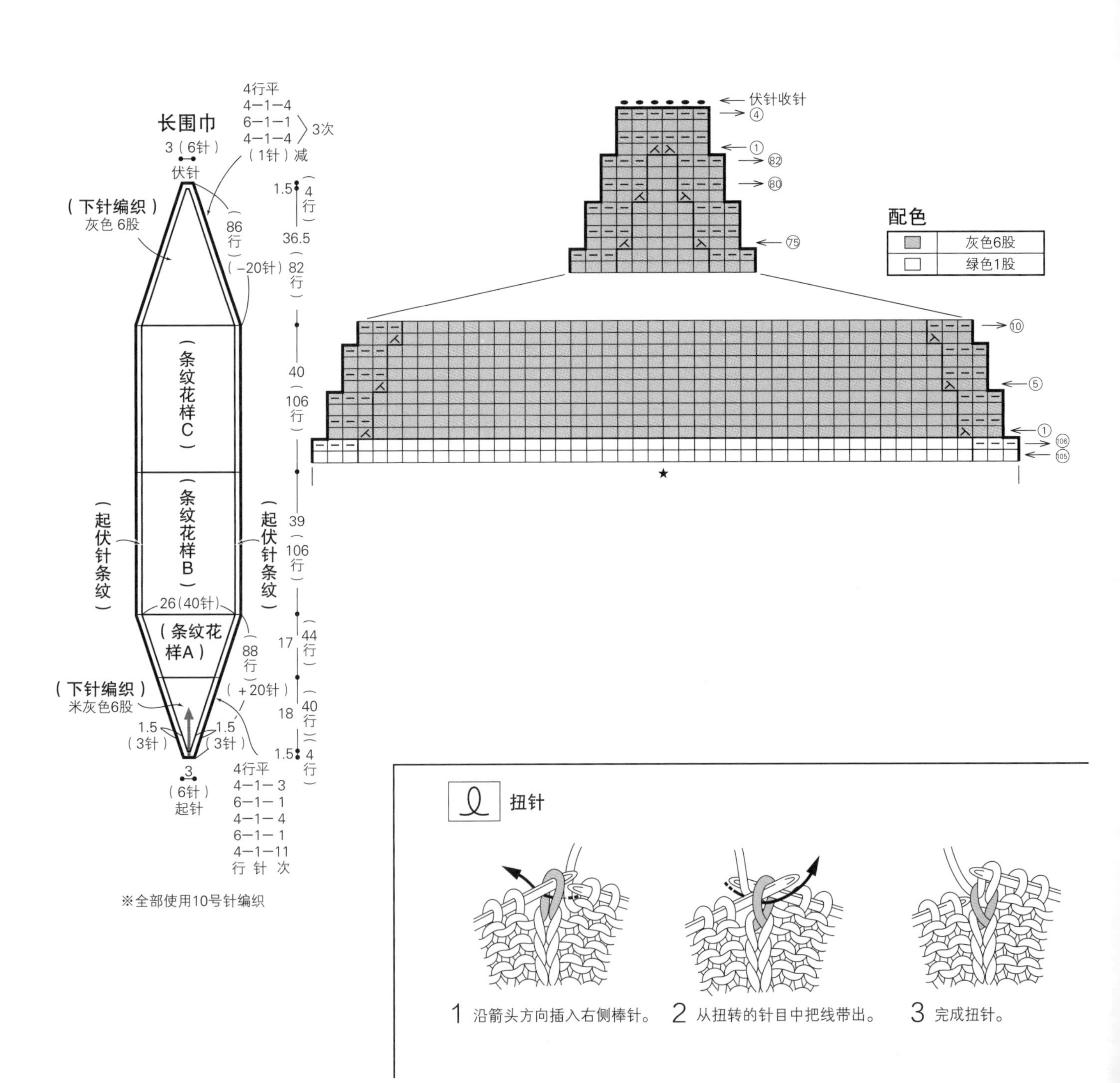

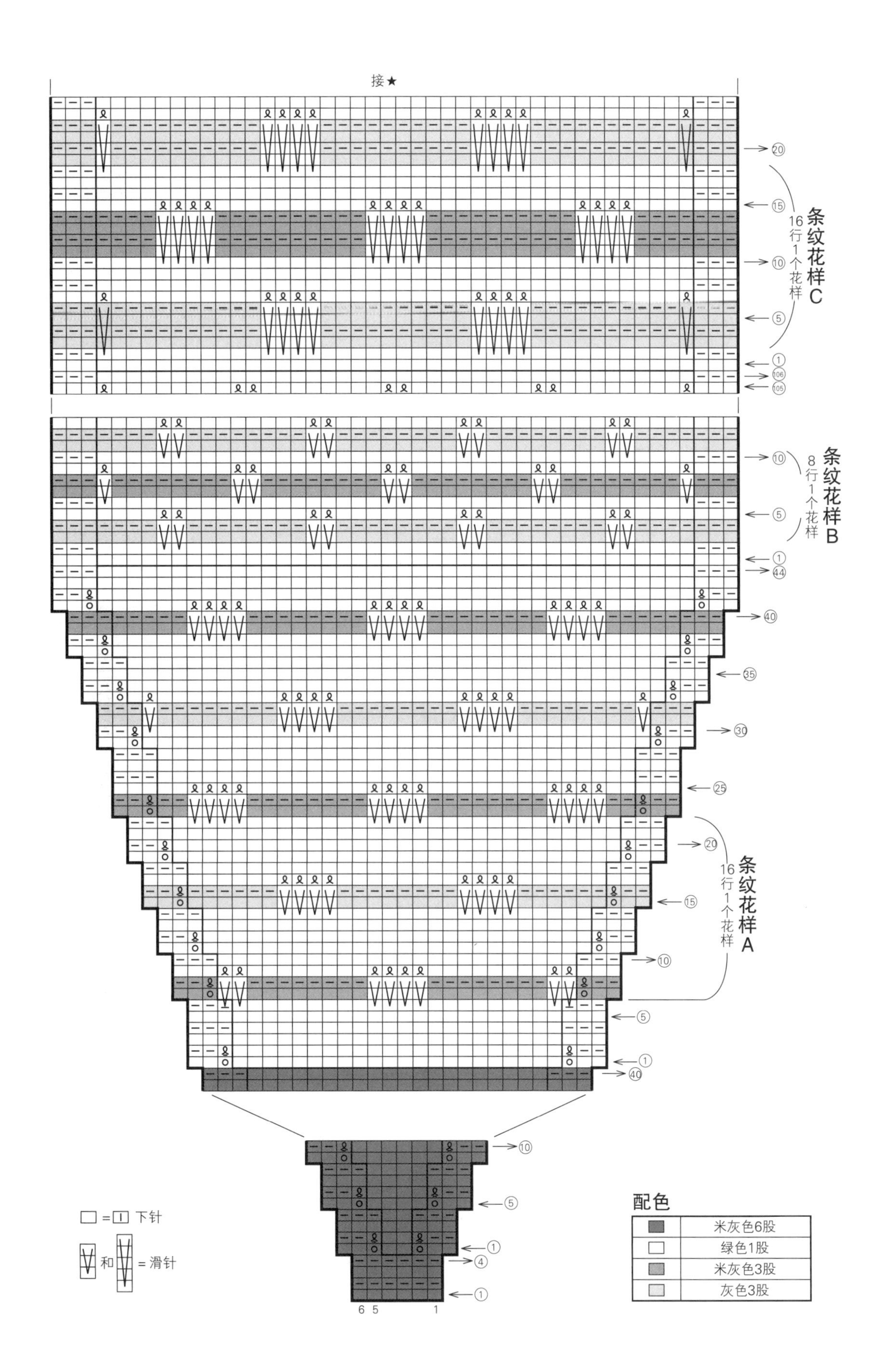

接★
条纹花样C
16行1个花样
条纹花样B
8行1个花样
条纹花样A
16行1个花样
□ = □ 下针
和 = 滑针
配色
米灰色6股
绿色1股
米灰色3股
灰色3股

11 →p.21

材料

Natural Slub（单线）（极粗羊毛线） 原色（01），M号390g、L号455g。

直径20mm的纽扣6颗。

工具

棒针8号、6号。钩针8/0号。

成品尺寸

M 号 / 胸围93.5cm、长50.5cm、连肩袖长70.5cm。

L 号 / 胸围105.5cm、长53.5cm、连肩袖长75cm。

编织密度

10cm×10cm面积内，编织花样23.5针、29行，编织桂花针18针、29行。

▸ 编织要点

◎身片、袖子…手指挂线起针，编织单罗纹针、桂花针和花样。1针以上的减针使用伏针减针，1针的减针使用侧边1针立式减针。加针使用1针内侧扭针加针。袖子编织完成后伏针收针。衣袋位置另线编织。

◎组合…拆除衣袋位置的另线，挑针编织衣袋背面和衣袋口。衣袋背面以卷针缝在身片上。钩织罗纹绳制作蝴蝶结，后身片钉缝7个，前身片左右各3个，袖子左右各3个。肩部盖针接合。胁边和袖下使用毛线缝针挑针缝合。前襟和衣领挑指定的针数，编织单罗纹针。编织完成后做下针织下针、上针织上针的伏针收针。袖子和身片对齐，使用毛线缝针挑针缝合、针与行接合。钉缝纽扣。

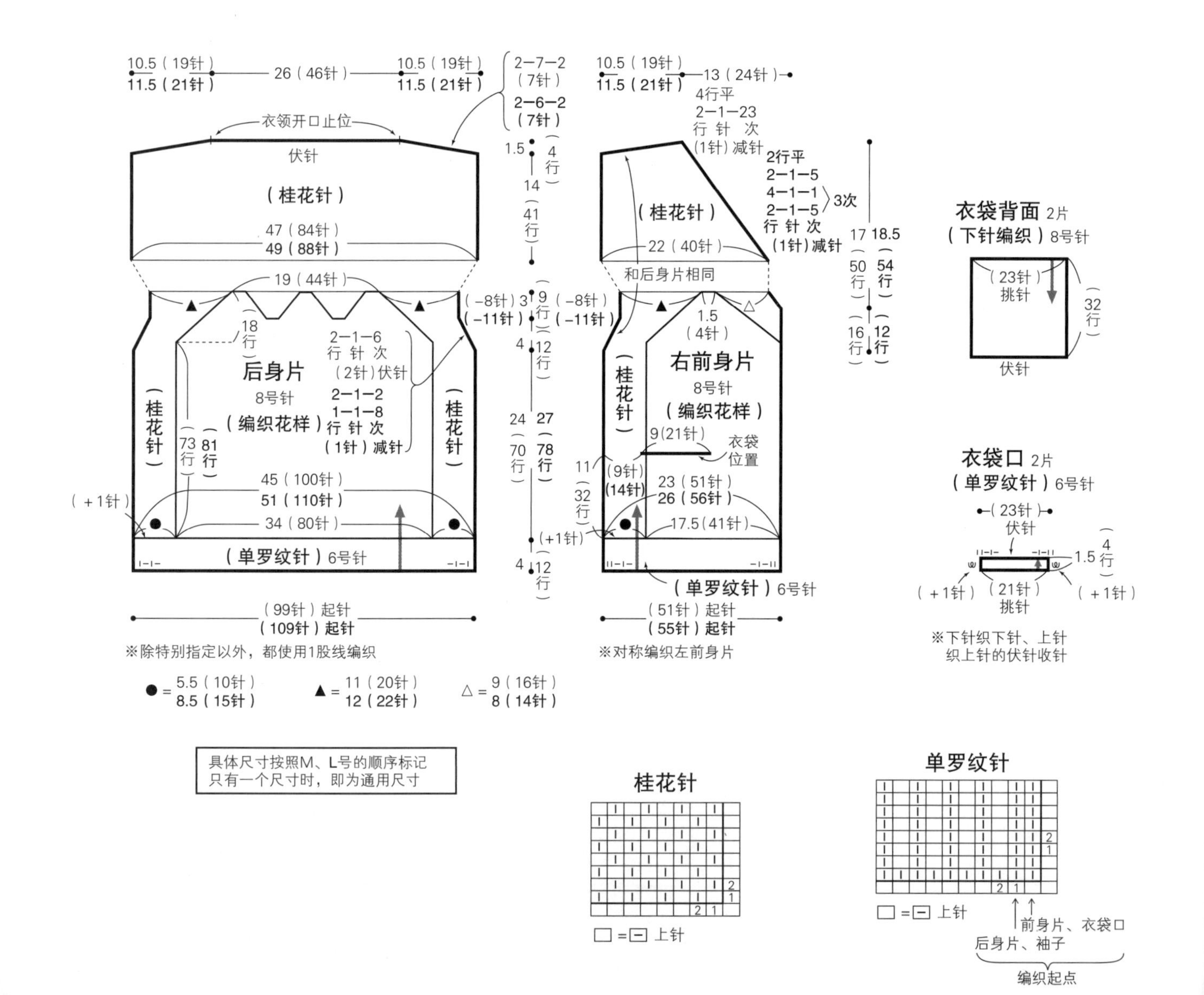

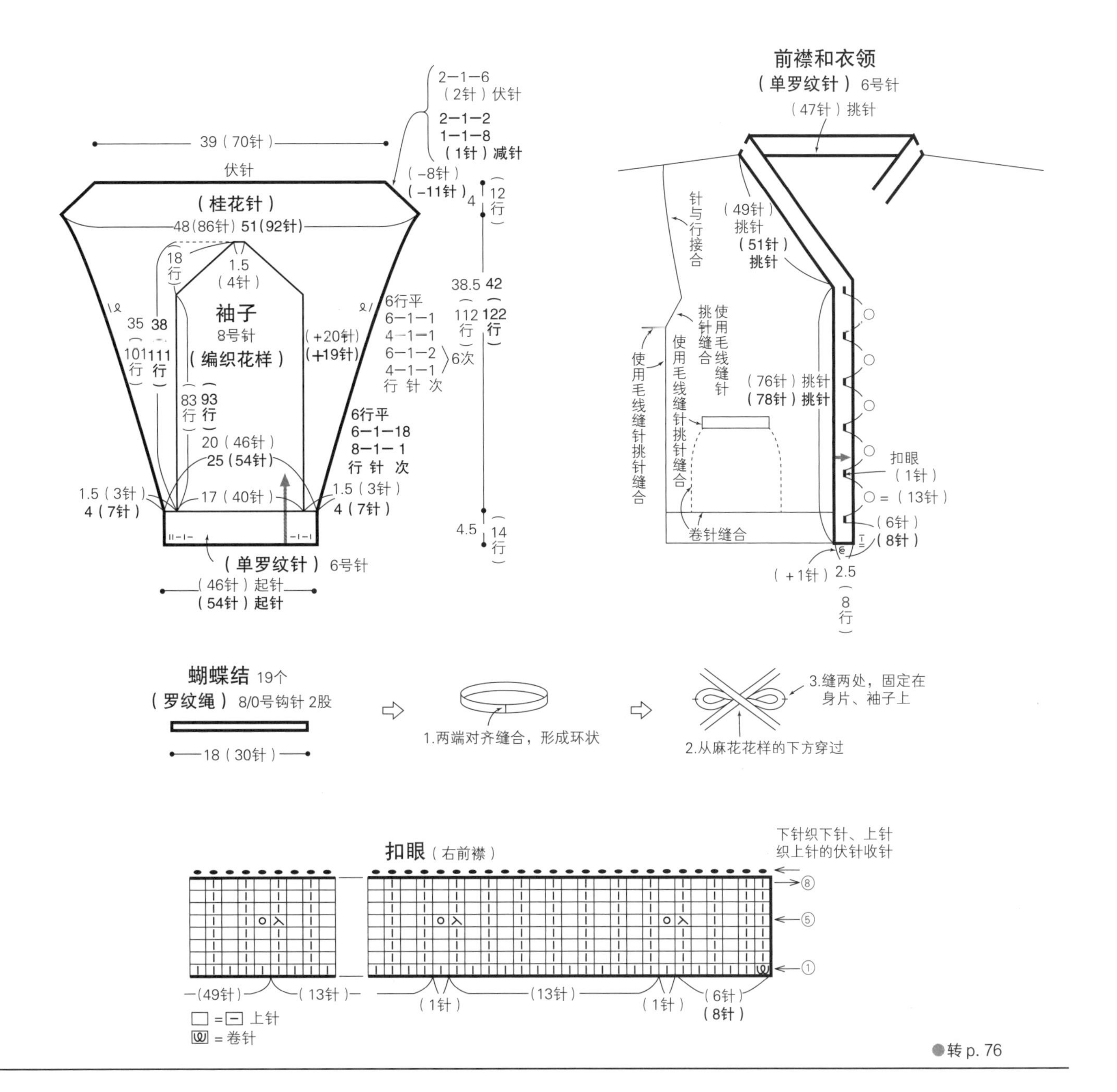

●转 p.76

针与行接合

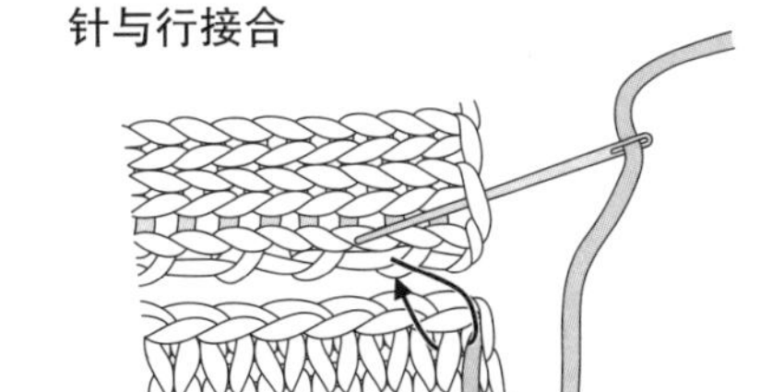

1 将完成伏针收针的编织物放置在面前，使用毛线缝针穿过对面一片行的起针和面前一片的针目，再挑对面一片行的渡线。

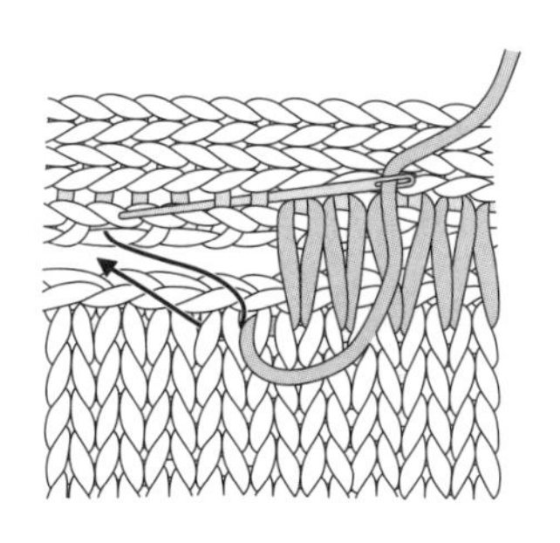

2 行数较多的情况下，可以调整为一次挑2行。

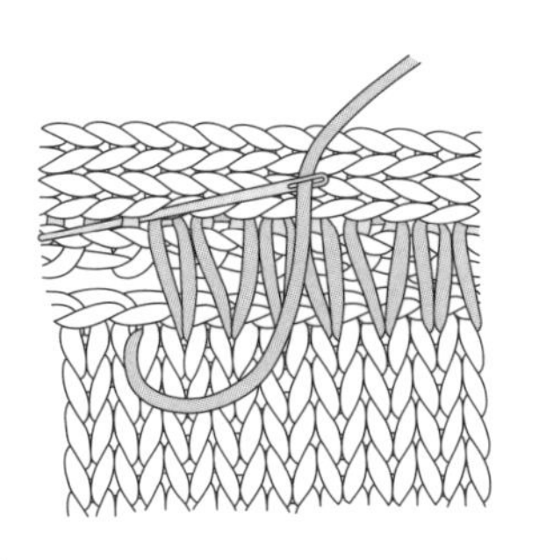

3 毛线缝针交替穿过针和行。拉紧至看不见缝线。

左上2针交叉

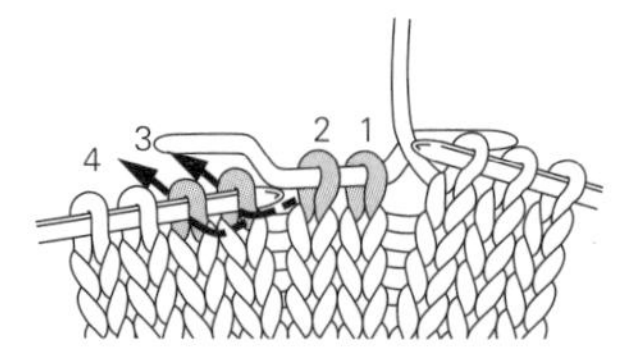

1 把针目1、2移到麻花针上，倒向后侧，先编织针目3、4。

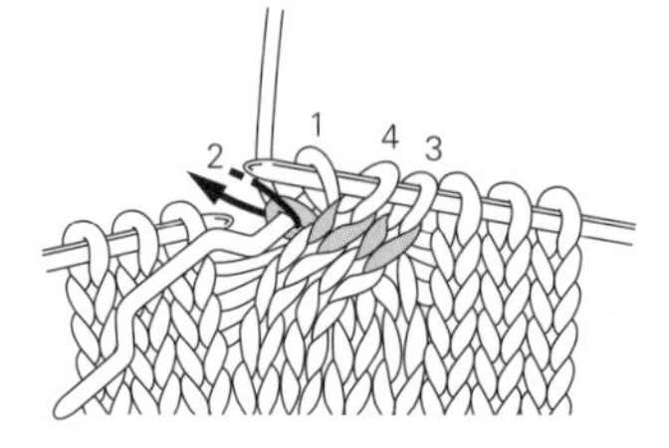

2 编织针目1、2。

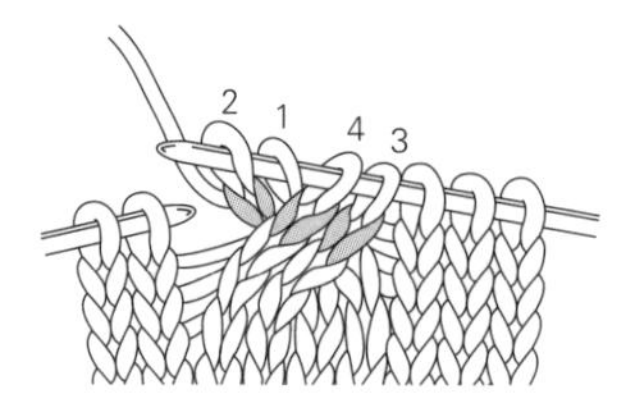

3 完成左上2针交叉。

右上2针交叉

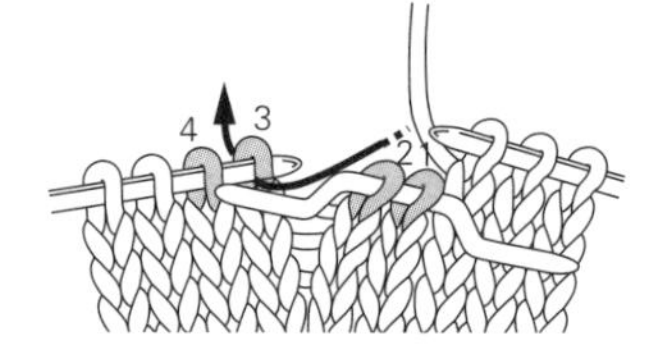

1 把针目1、2移到麻花针上，倒向前侧，先编织针目3、4。

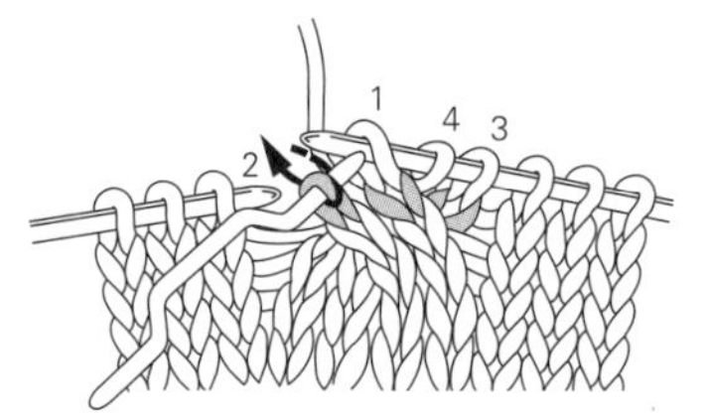

2 编织针目1、2。

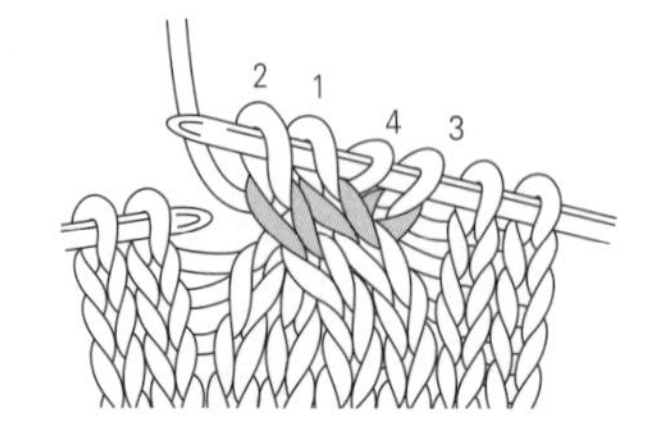

3 完成右上2针交叉。

●接 p. 75（作品11）

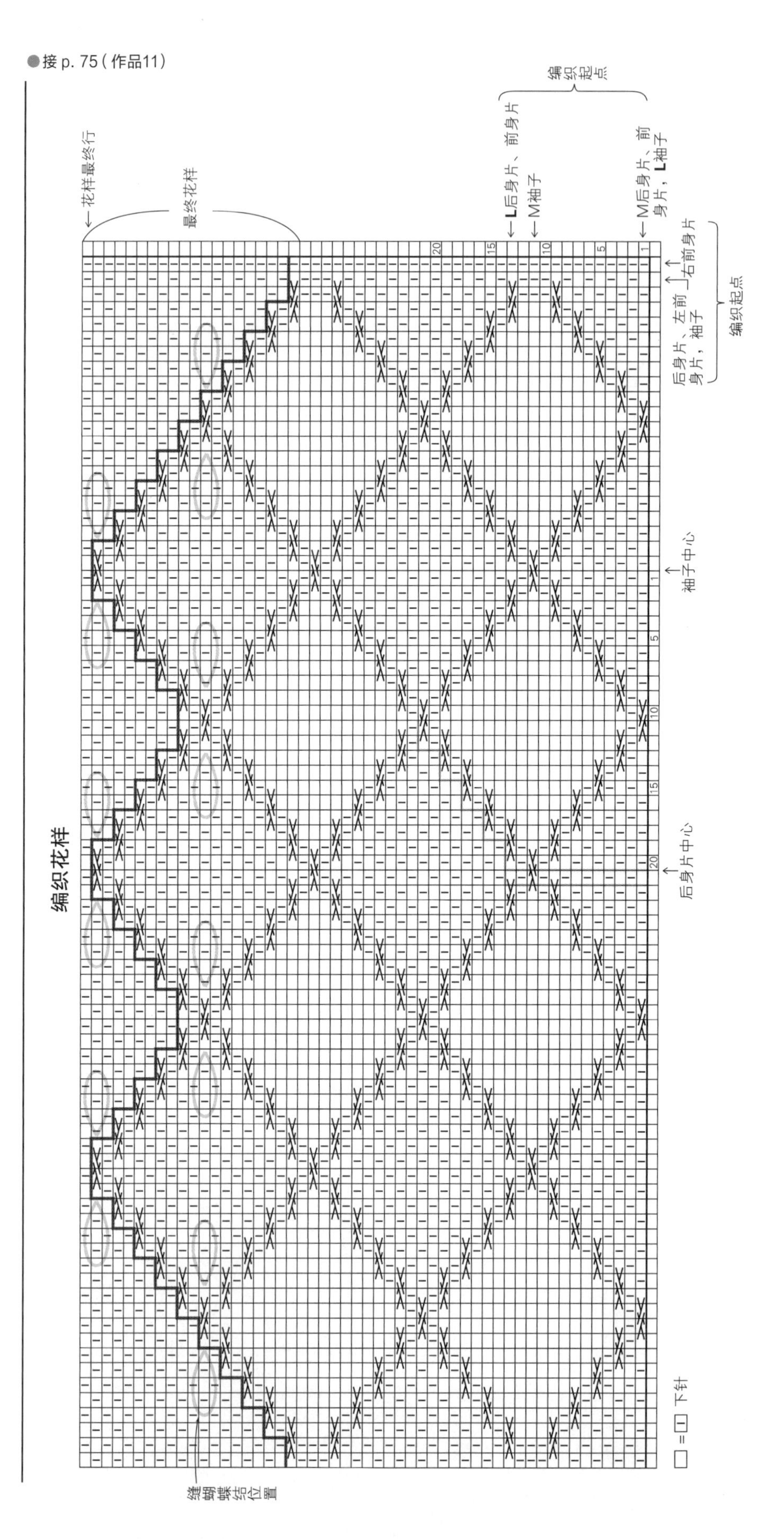

13 →p.23

→p.23

材料

Natural Slub（3股捻制）（极粗羊毛线）原色（04）165g。

工具

棒针11号、9号。钩针10/0号。

成品尺寸

头围56cm、帽深28cm。

编织密度

10cm×10cm面积内，编织花样17针、23行，编织桂花针17针、13.5行。

▸ 编织要点

手指挂线起针，环形编织单罗纹针、花样和桂花针。参照图解分散减针。编织完成后，将线分两次间隔1针穿过最后1行的针目，抽紧。钩织罗纹绳制作蝴蝶结，缝在指定位置。

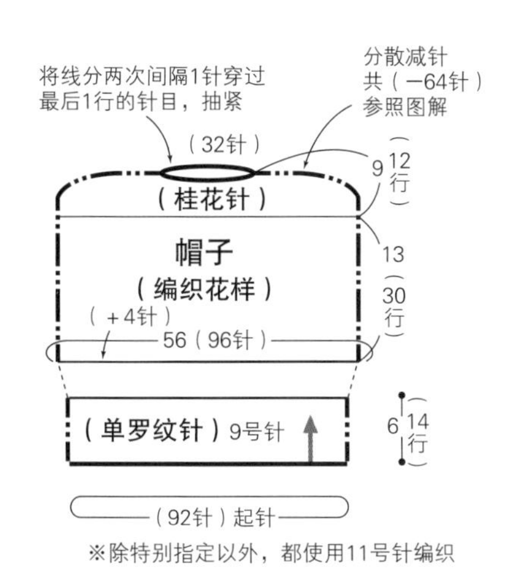

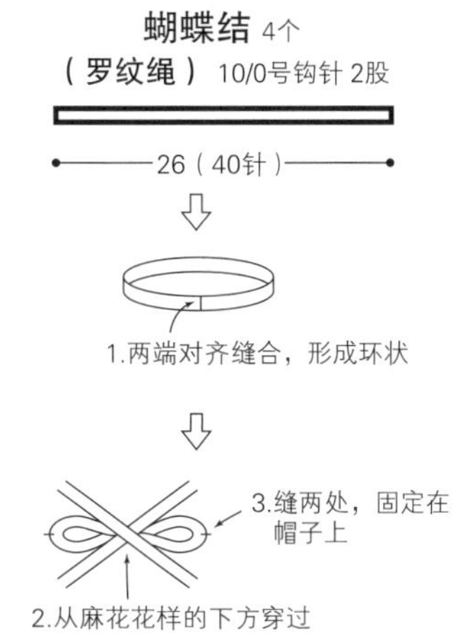

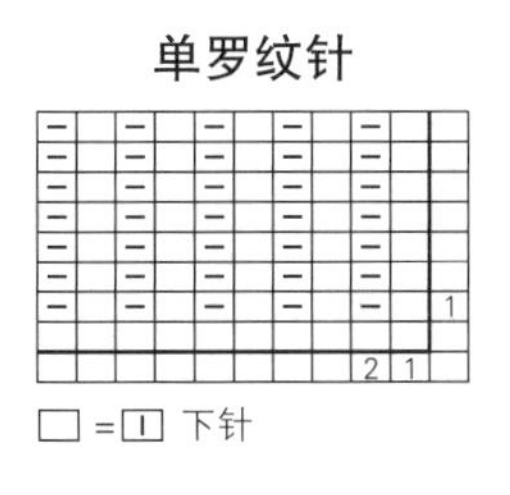

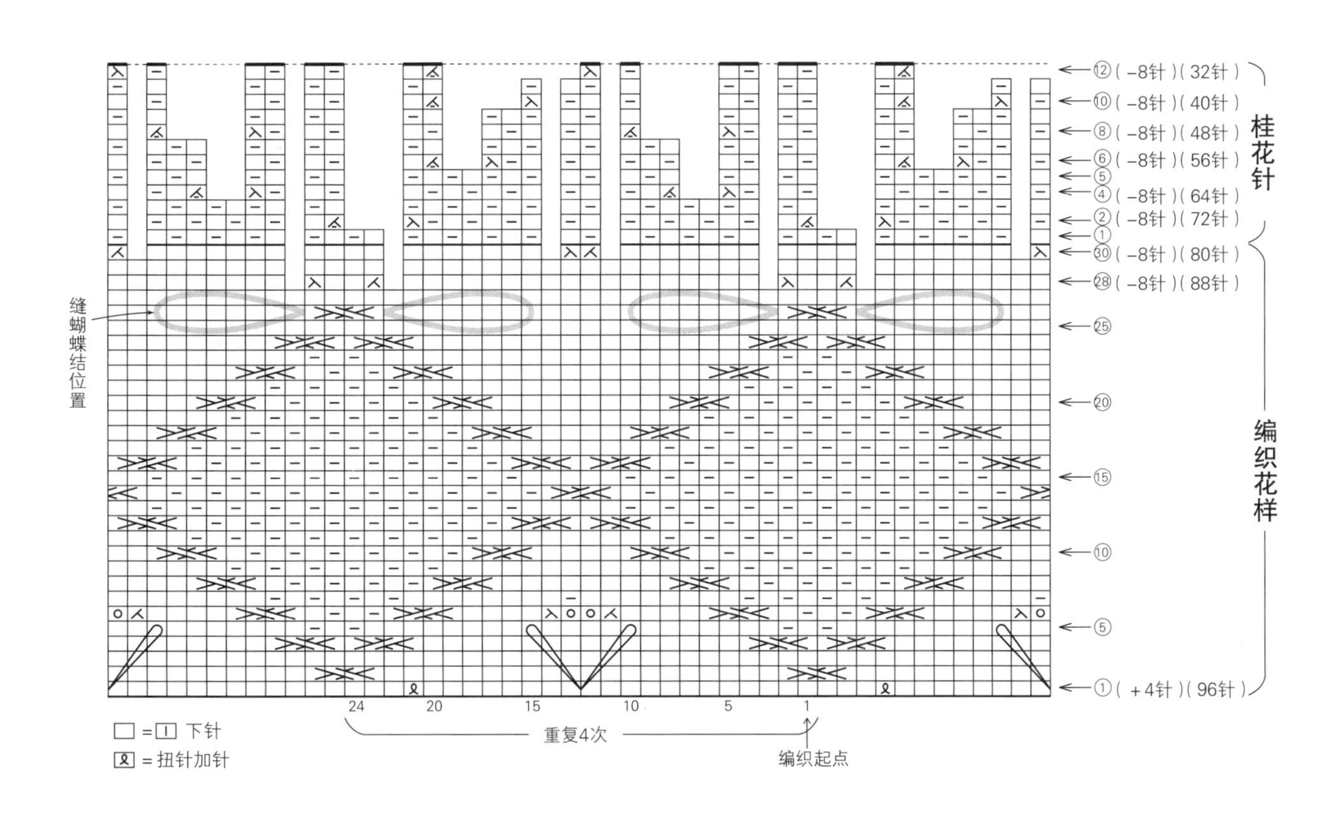

12 →p.22

材料

Natural Slub（3股捻制）（极粗羊毛线）原色（04）M号550g、L号670g。

工具

棒针13号、10号、8号。钩针10/0号、8/0号。

成品尺寸

M号 / 胸围88cm、背肩宽39cm、长60cm。

L号 / 胸围104cm、背肩宽45cm、长63cm。

编织密度

10cm×10cm面积内，编织花样和桂花针14针、20行。

▸ 编织要点

◦身片…手指挂线起针，编织单罗纹针、花样和桂花针。1针以上的减针使用伏针减针，1针的减针使用侧边1针立式减针。前身片开口部分使用1针卷针加针，分别编织左右两侧。

◦组合…钩织罗纹绳，制作蝴蝶结和抽绳。前后身片各缝制2个蝴蝶结。肩部盖针接合。肋边使用毛线缝针挑针缝合。衣领和袖子挑指定的针数，编织单罗纹针，编织完成后伏针收针。抽绳穿过衣领的穿绳孔，衣领包住抽绳向内侧翻折，卷针缝于领窝。从前身片开口至领窝钩织引拔针。抽绳尾部制作流苏。

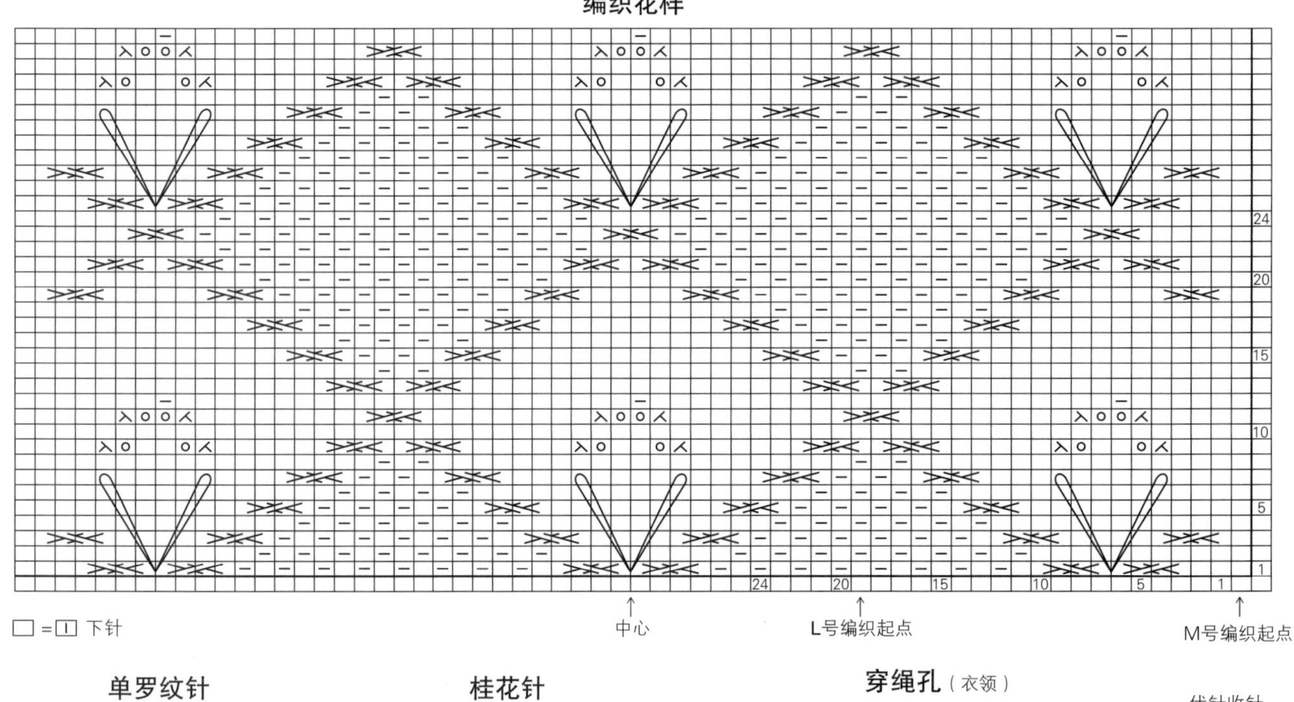

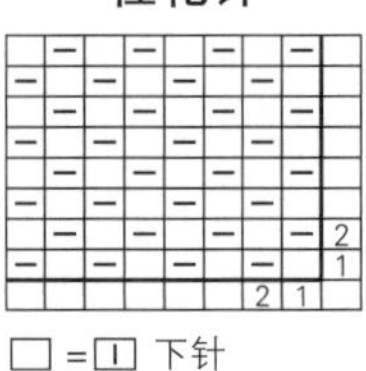

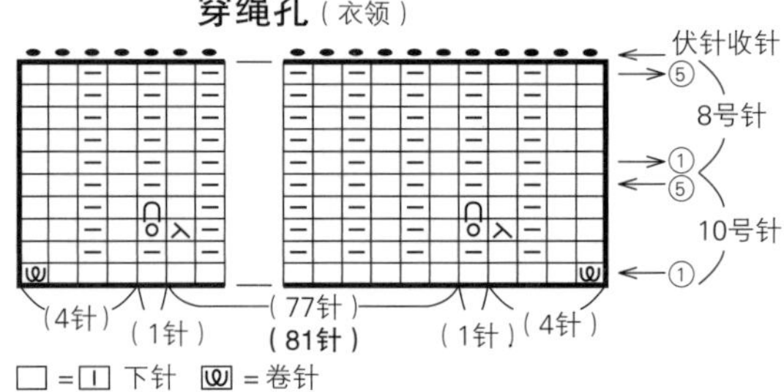

罗纹绳

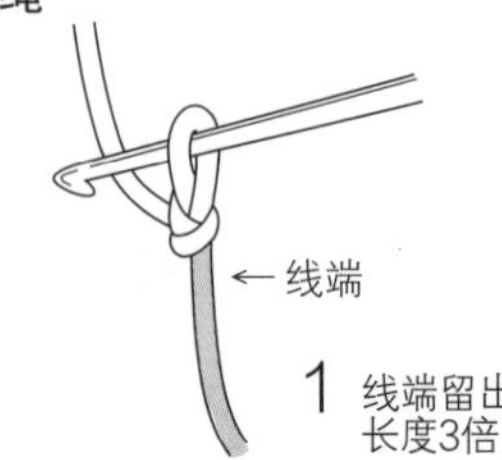

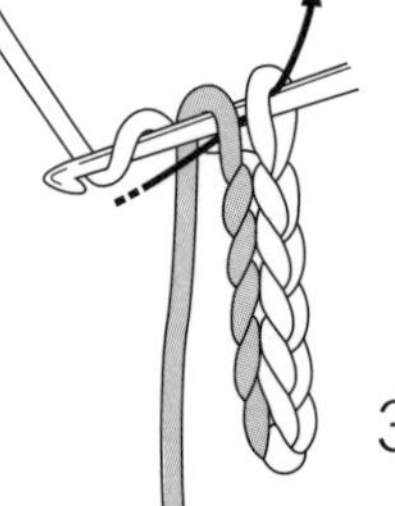

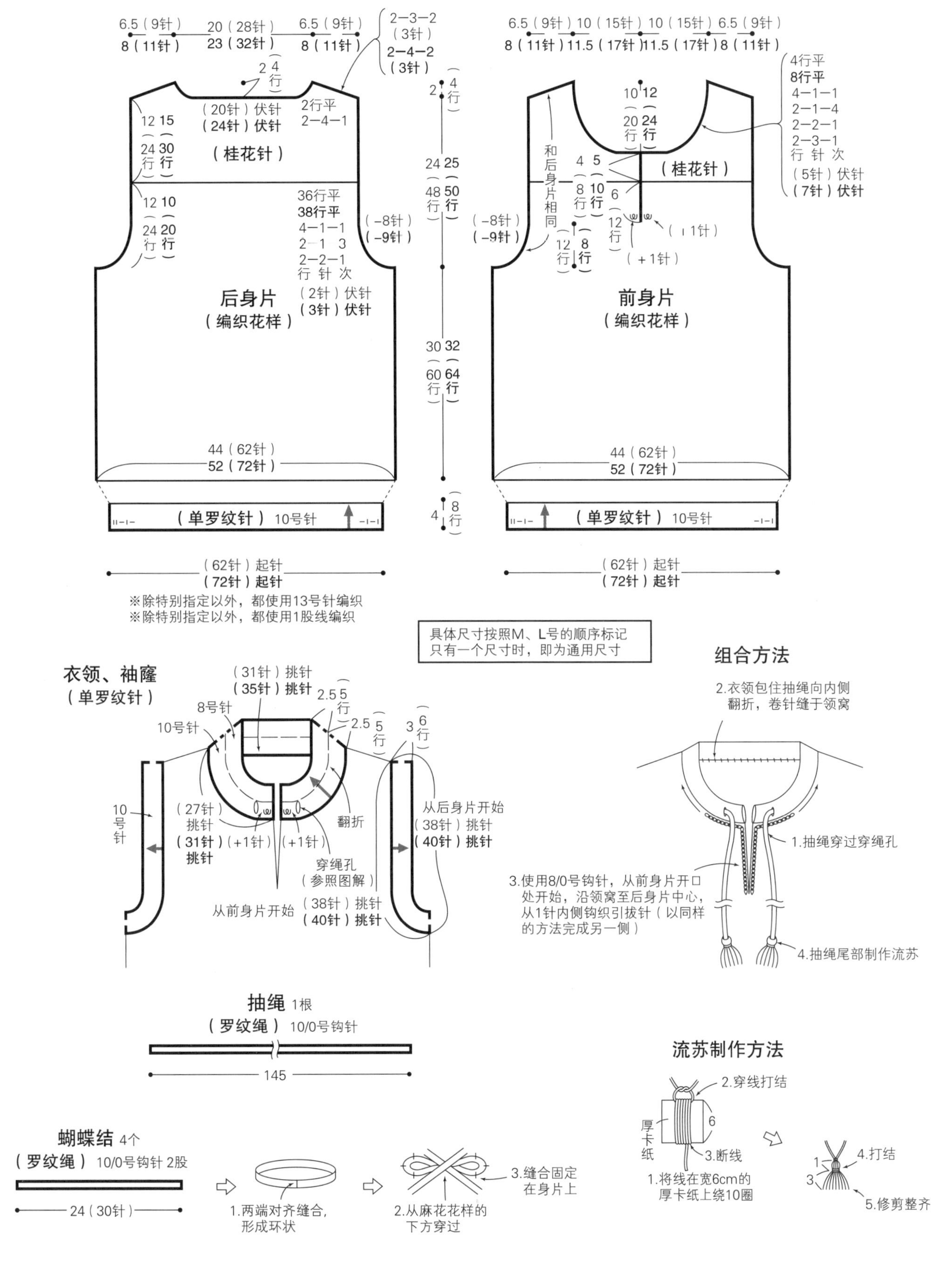

后身片
（编织花样）
前身片
（编织花样）
（桂花针）
（单罗纹针）10号针
44（62针）
52（72针）
（62针）起针
（72针）起针
※除特别指定以外，都使用13号针编织
※除特别指定以外，都使用1股线编织
具体尺寸按照M、L号的顺序标记
只有一个尺寸时，即为通用尺寸
和后身片相同
衣领、袖窿
（单罗纹针）
从后身片开始
从前身片开始
穿绳孔
（参照图解）
翻折
组合方法
1.抽绳穿过穿绳孔
2.衣领包住抽绳向内侧翻折，卷针缝于领窝
3.使用8/0号钩针，从前身片开口处开始，沿领窝至后身片中心，从1针内侧钩织引拔针（以同样的方法完成另一侧）
4.抽绳尾部制作流苏
抽绳 1根
（罗纹绳）10/0号钩针
145
蝴蝶结 4个
（罗纹绳）10/0号钩针 2股
24（30针）
1.两端对齐缝合，形成环状
2.从麻花花样的下方穿过
3.缝合固定在身片上
流苏制作方法
1.将线在宽6cm的厚卡纸上绕10圈
2.穿线打结
3.断线
厚卡纸
4.打结
5.修剪整齐

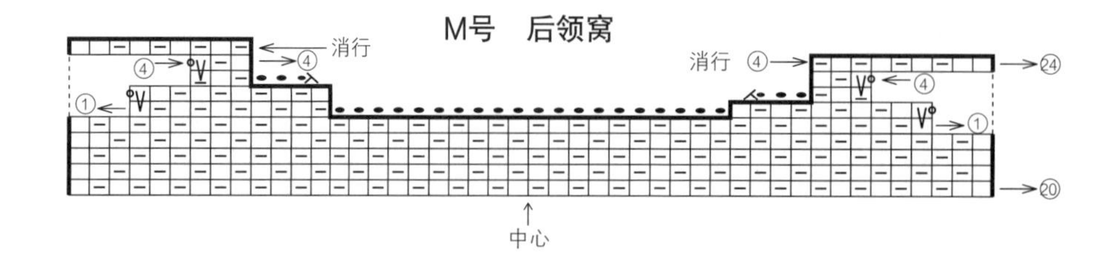

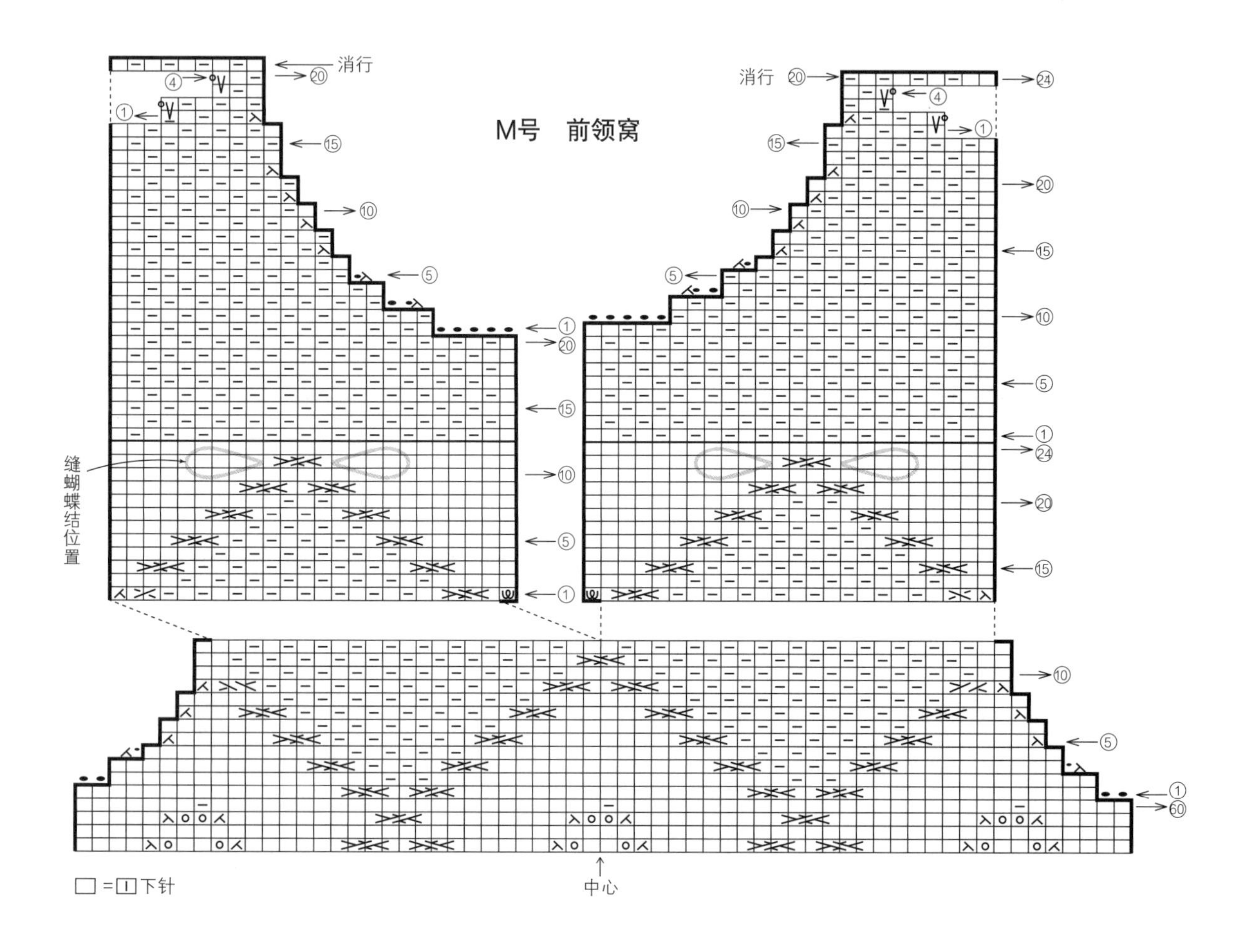

使用毛线缝针挑针缝合

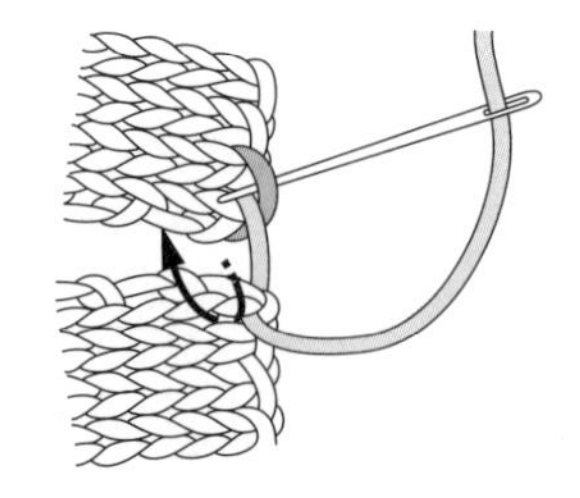

1 从不带线一片的起针针目开始，使用毛线缝针交替挑针目。

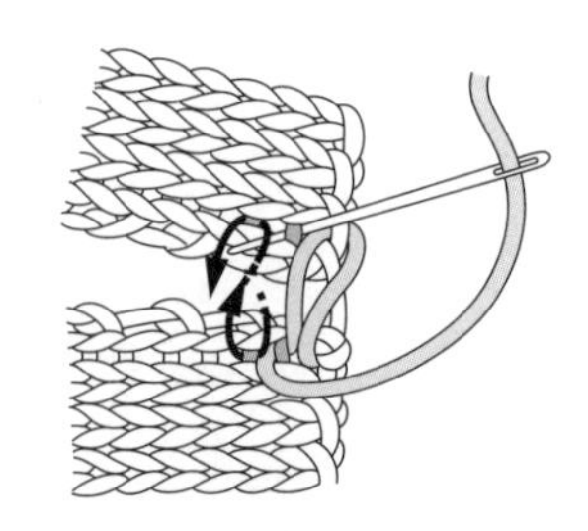

2 交替挑每一行侧边一针内侧的渡线。

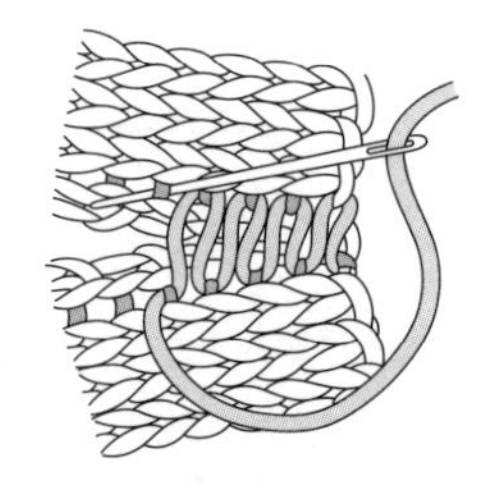

3 将线抽紧至看不见缝线。

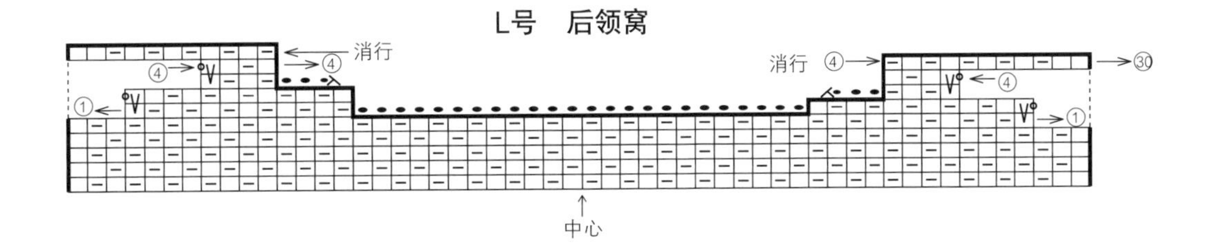

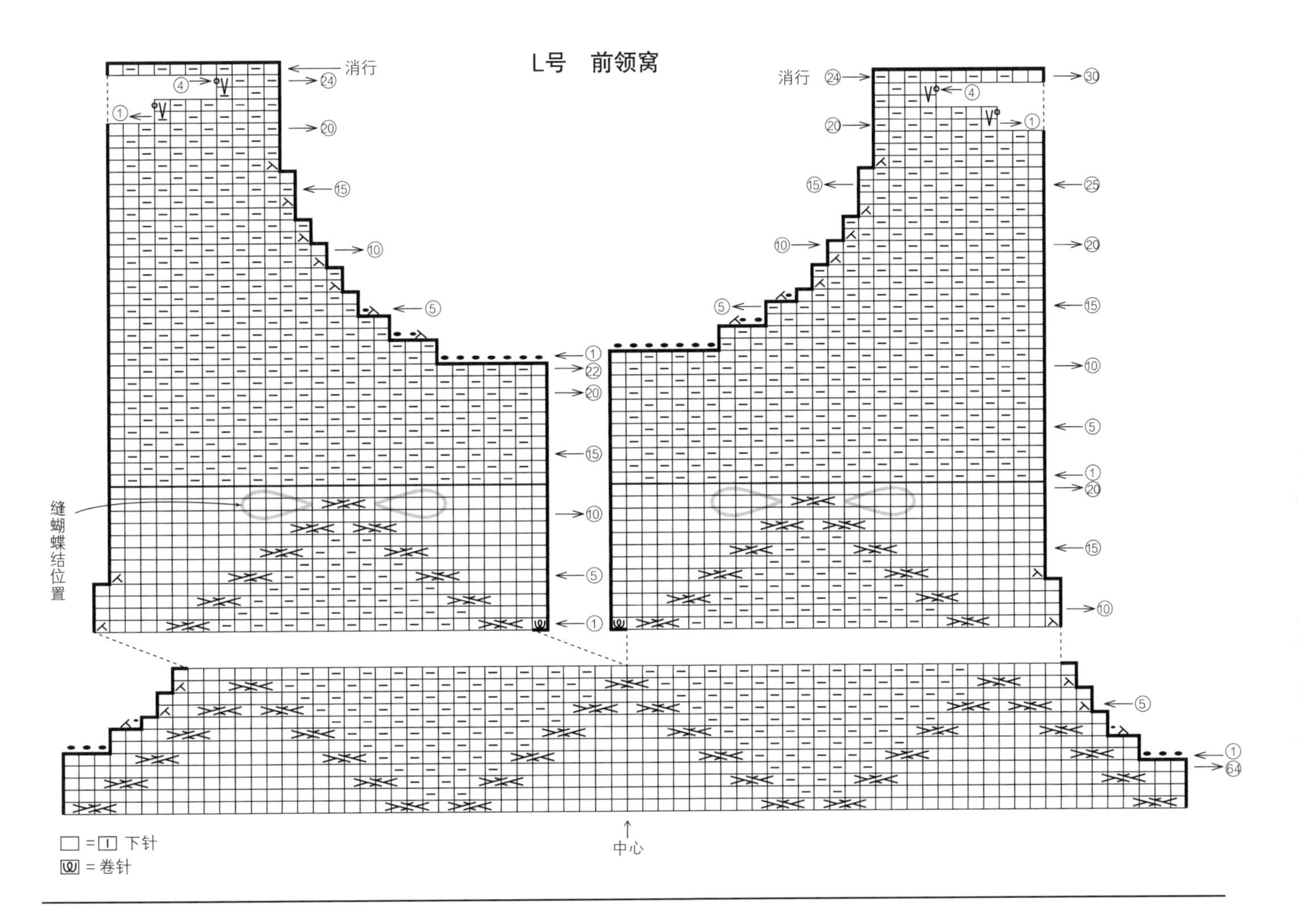

盖针接合

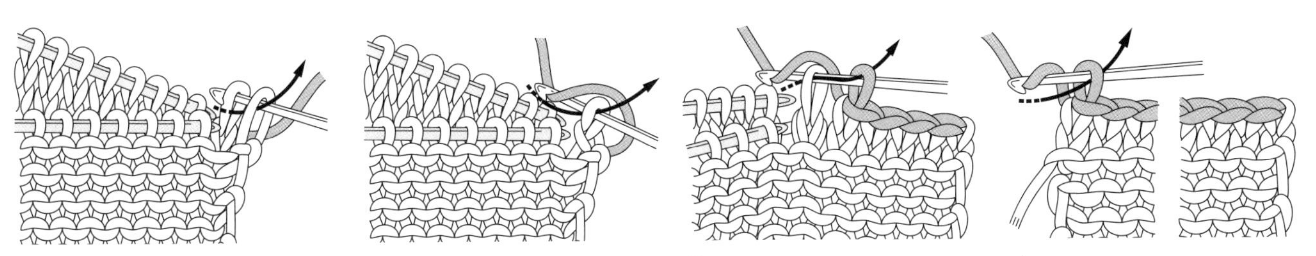

1 两片编织物正面对齐，钩针插入侧边的2针，从后面的针目向前引拔。

2 钩针挂线，从引拔针目中引拔。

3 按照步骤1、2的方法，重复引拔。

4 接合完成后引拔线尾，抽紧。

16、17 →p.28、29

材料

16 T-Silk（中细真丝线）海军蓝色（13）75g、黑色（16）40g、深灰色（15）20g。Feathery Mohair（极细羔羊马海毛+锦纶线）炭灰色（11）20g、蓝色（06）10g。

17 Honey Wool（中细羊毛+安哥拉兔毛线）海军蓝色（40）60g，灰色（31）、焦茶色（37）各20g。Feathery Mohair（极细羔羊马海毛+锦纶线）炭灰色（11）20g、蓝色（06）10g。

工具

作品16 棒针6号。作品17 棒针7号。

成品尺寸

作品16 宽35cm、长184cm。作品17 宽36cm、长174cm。

编织密度

作品16 10cm×10cm面积内，编织条纹花样21针、30.5行。

作品17 10cm×10cm面积内，编织条纹花样19针、31行。

▸编织要点

◦披巾…线端绕成环状，挂线起1针。从起针的1针中编织3针，继续编织起伏针、条纹花样。挂针加针，2针并1针减针。条纹花样的编织方法和配色参照图解。编织完成后3针并1针，抽出线尾。

◦组合…参照图解装饰流苏。

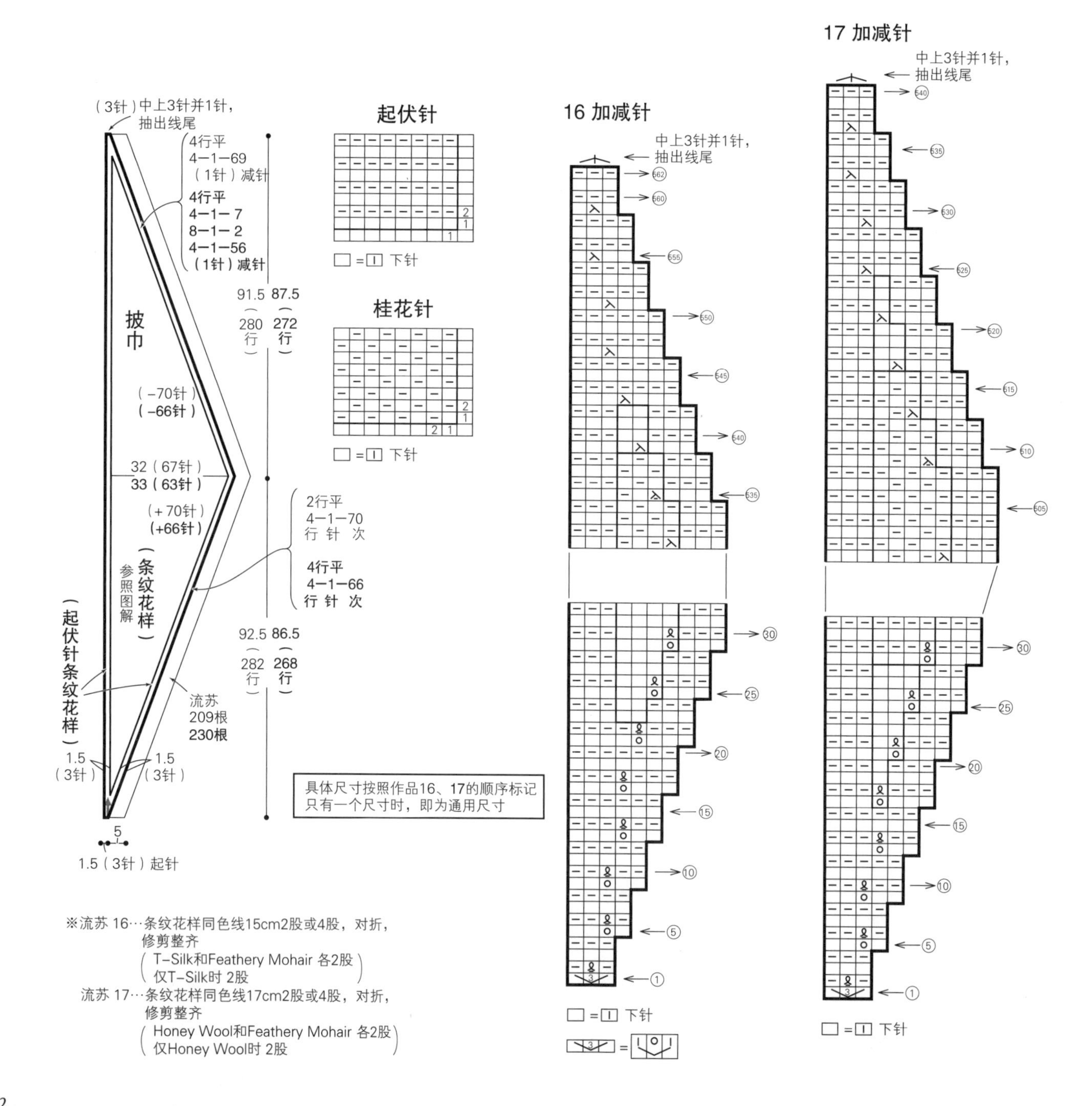

条纹花样的编织方法和配色

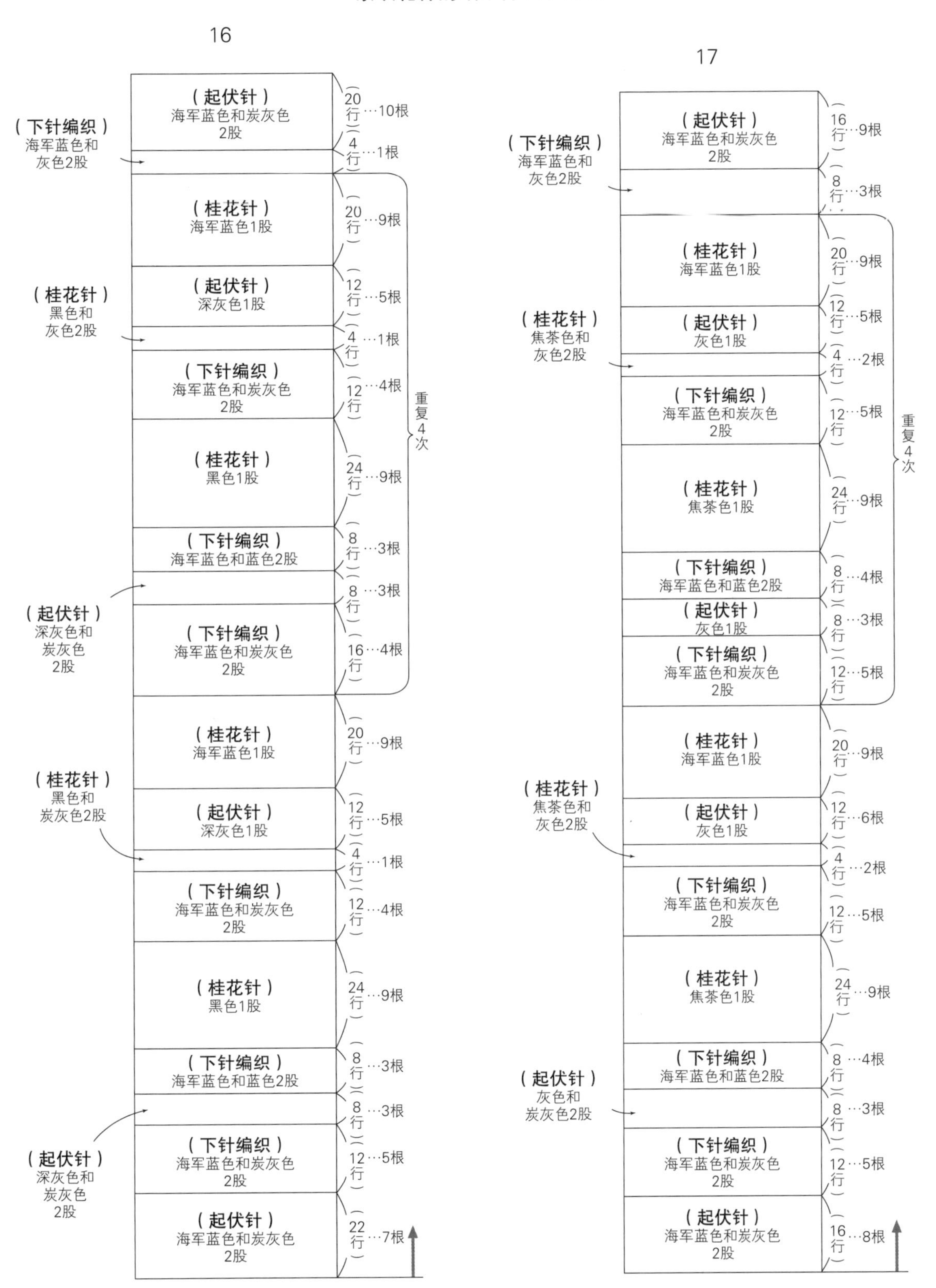

※根数为装饰流苏的数量。各部分按照指定的根数均等平分

18 →p.31

材料

Wool N（粗羊毛线）深橙色（10）170g。Reina Silk Mohair（极细顶级羔羊马海毛+真丝线）深粉色（01）60g。

工具

棒针6号。

成品尺寸

宽23cm、长166cm。

编织密度

10cm×10cm面积内，编织花样、条纹花样25.5针、32行。

▸ 编织要点

手指挂线起针，编织单罗纹针条纹、起伏针条纹、下针、条纹花样和花样。编织完成后，做下针织下针、上针织上针的伏针收针。

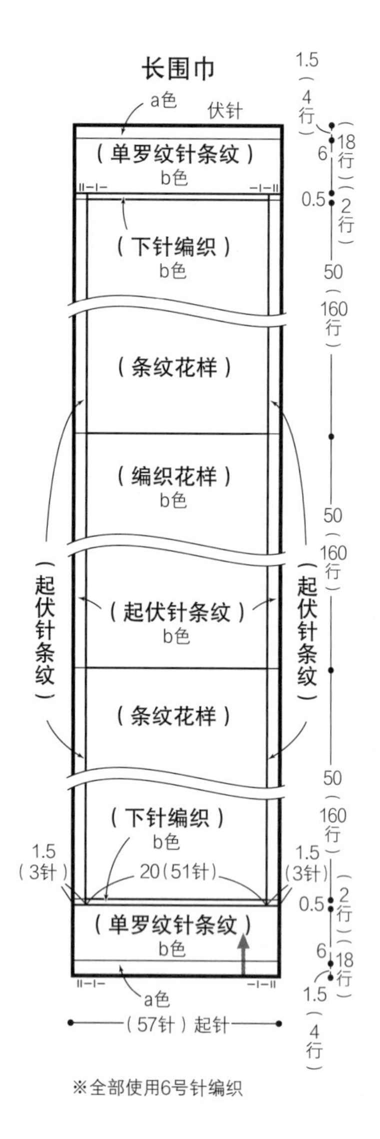

※全部使用6号针编织

手指挂线起针

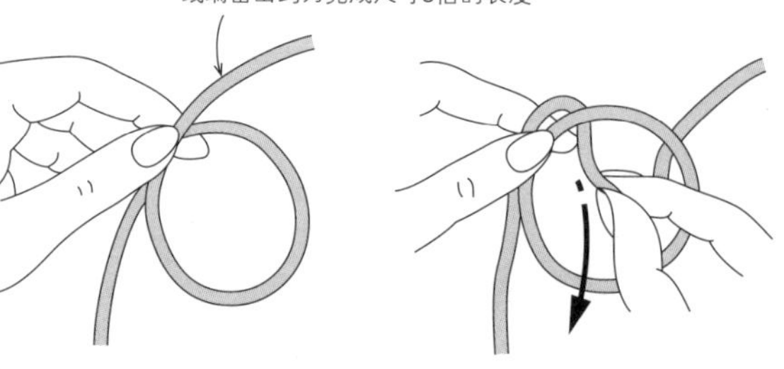

1 线端留出约为完成尺寸3倍的长度，绕成线环，将线端沿箭头方向穿进线环中。

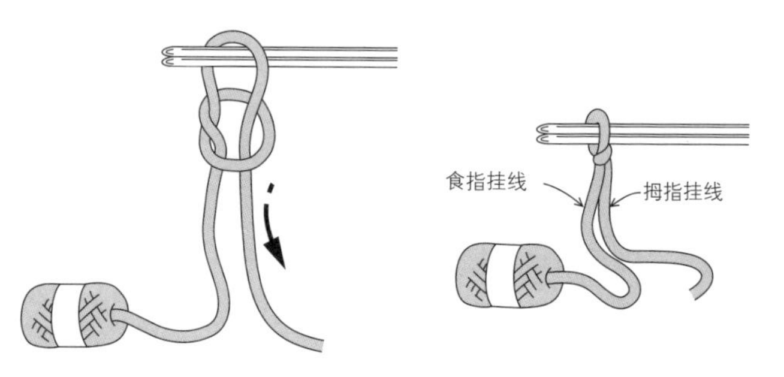

2 2根棒针插入线环，拉线端一侧抽紧线环。针上的线环即为第1针。线端一侧挂在拇指上，线团一侧挂在食指上。

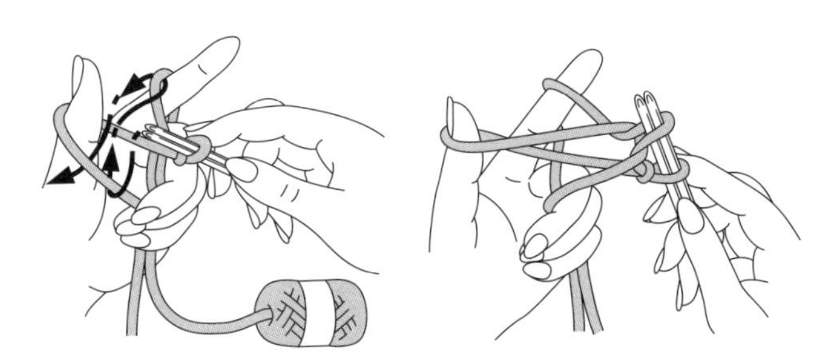

3 用剩余的手指压住线的底部，棒针先挑拇指上的线，再挑食指上的线，穿过拇指上的线环。暂时松开拇指。

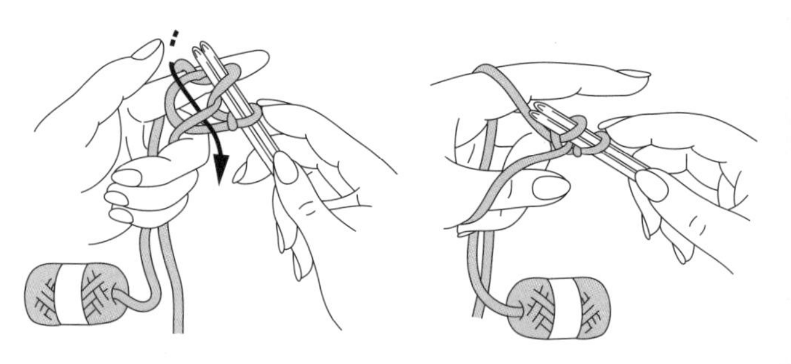

4 沿箭头方向伸入拇指，轻轻抽紧针目，即完成第2针。重复步骤3、4，完成需要的起针数。

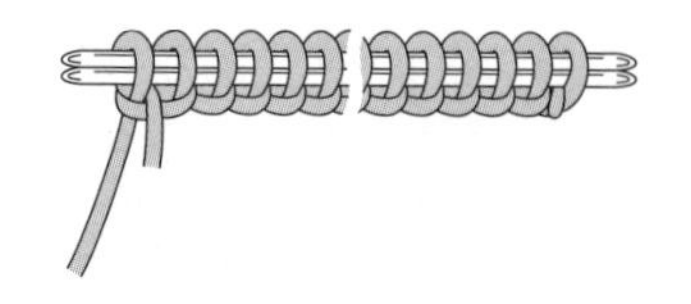

5 完成起针。这就是第1行的下针。编织第2行前抽出1根棒针。

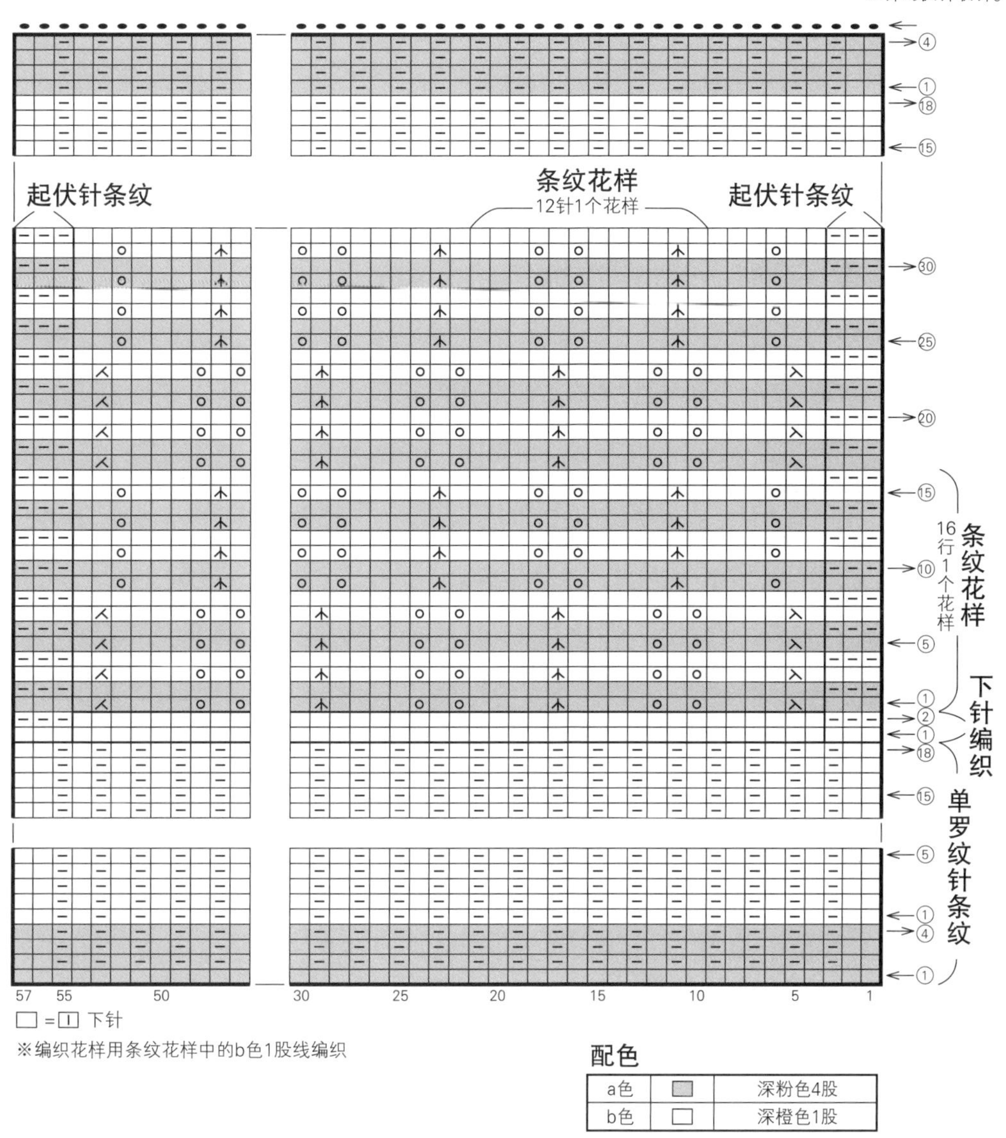

□ = ▣ 下针

※编织花样用条纹花样中的b色1股线编织

配色

a色	▩	深粉色4股
b色	□	深橙色1股

中上3针并1针

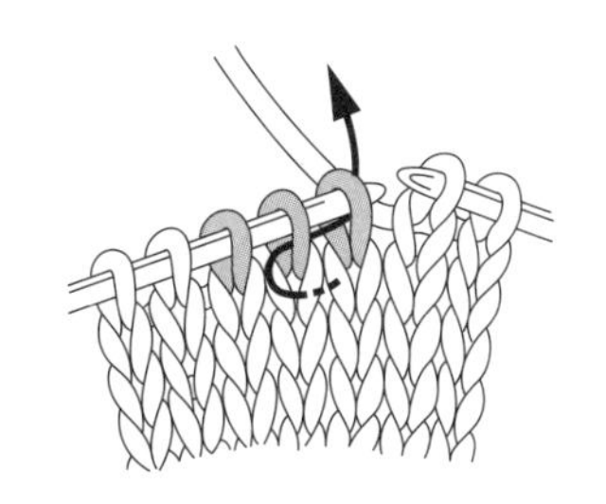

1 棒针沿箭头方向插入2针中，不编织，将针目移到右侧棒针上。

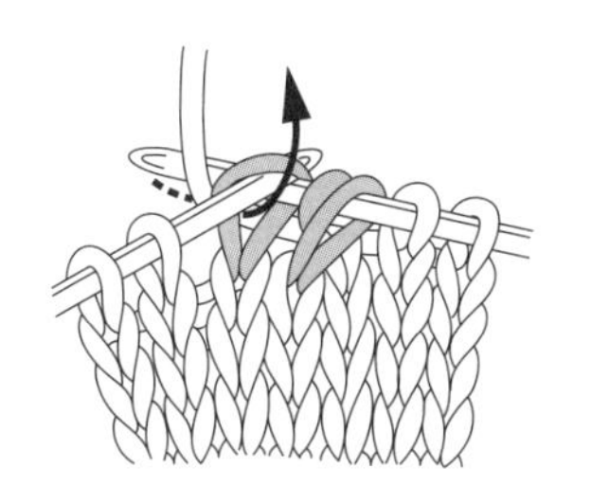

2 棒针插入下一针编织。

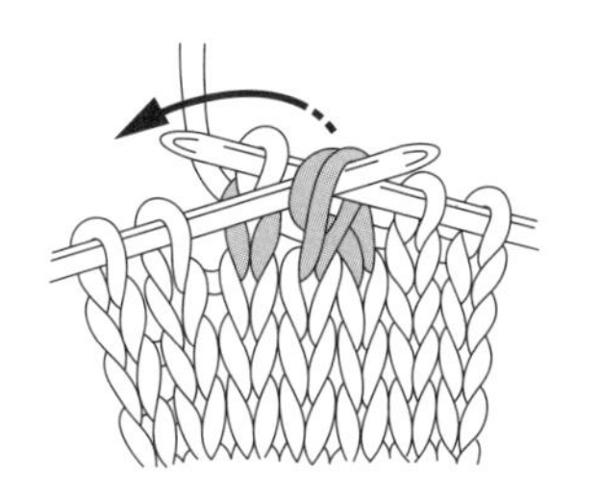

3 将移动的2针盖过编织好的针目。

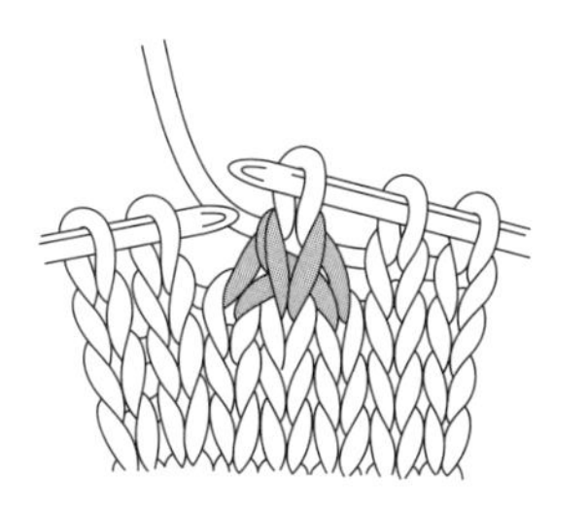

4 完成中上3针并1针。

19 →p.32

材料

Natural Slub（单线）（极粗羊毛线）原色（01）50g。Reina Silk Mohair（极细顶级羔羊马海毛＋真丝线）黄色（04）15g。

工具

棒针5号。

成品尺寸

手掌掌围21cm、长26cm。

编织密度

10cm×10cm 面积内，编织下针24针、36行，编织下针条纹、条纹花样24针、35行。

▸ 编织要点

◎手指挂线起针，环状编织单罗纹针条纹、下针、条纹花样、下针条纹。拇指位置先加入另线编织。指尖按照图解减针。

◎组合…编织完成后下针接合剩下的针目。在拇指位置挑针，环形编织下针。将线穿过最后一行针目，抽紧。完成后翻回正面使用。

右手

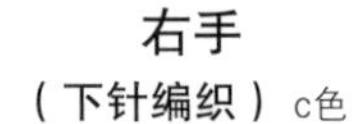

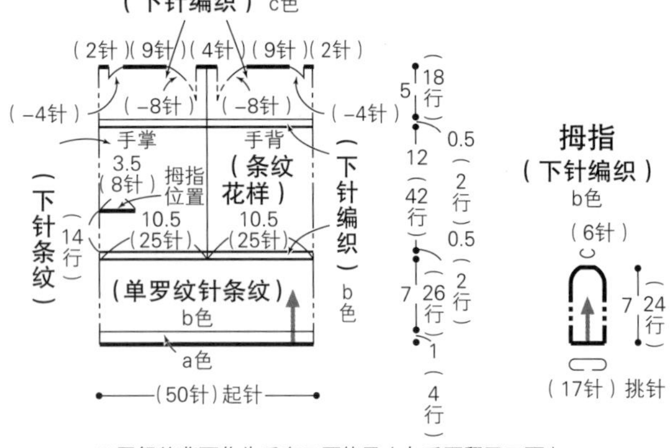

※图解的背面作为手套正面使用（左手不翻回正面）

※对称编织左手

拇指

（下针编织）

b色

（6针）

7　（24行）

（17针）挑针

下针编织（右手拇指）

←㉔

←⑳

←⑤

←①

17　15　10　5　1

□＝⊡ 下针

⑫＝扭针加针

下针接合

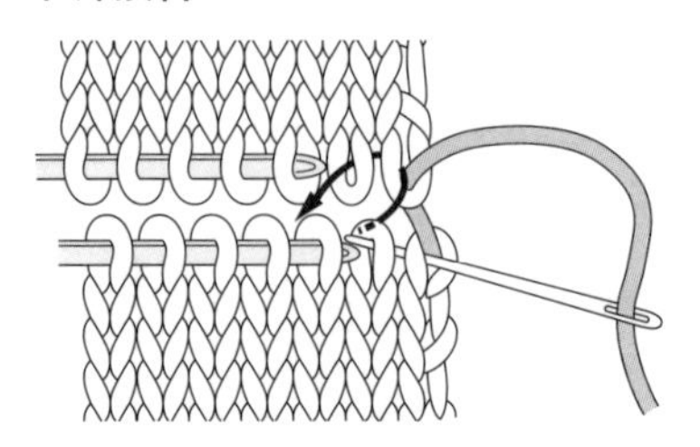

1 两片都从侧边1针的背面入针，挑面前一片的2针。

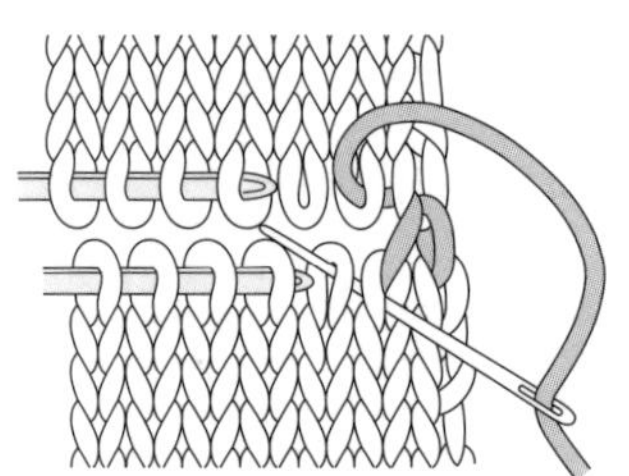

2 挑对面一片的2针，再挑面前一片的2针。

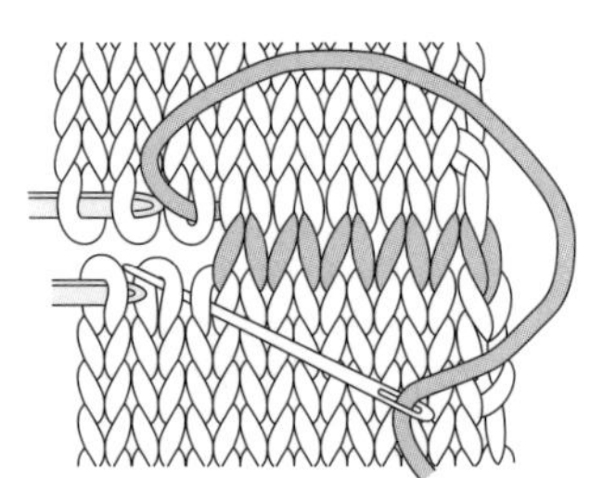

3 毛线缝针从正面入针，正面出针。

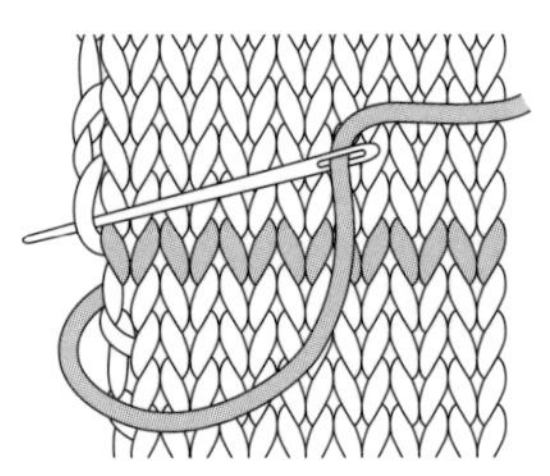

4 完成后穿过对面一片的针目。两片编织物错开半针。

上针接合

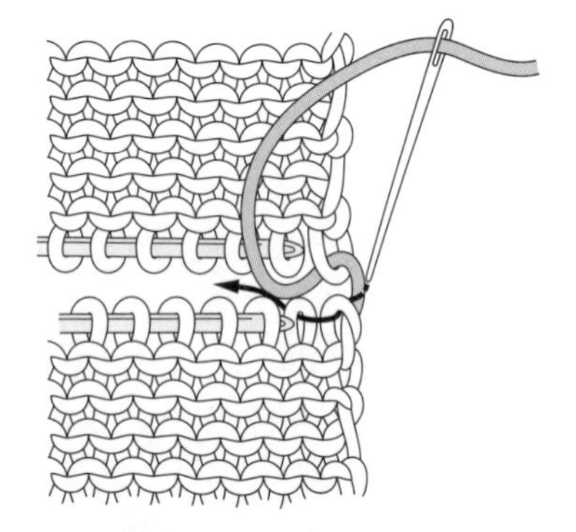

1 对齐两片编织物，从面前一片和对面一片侧边1针的正面出针。

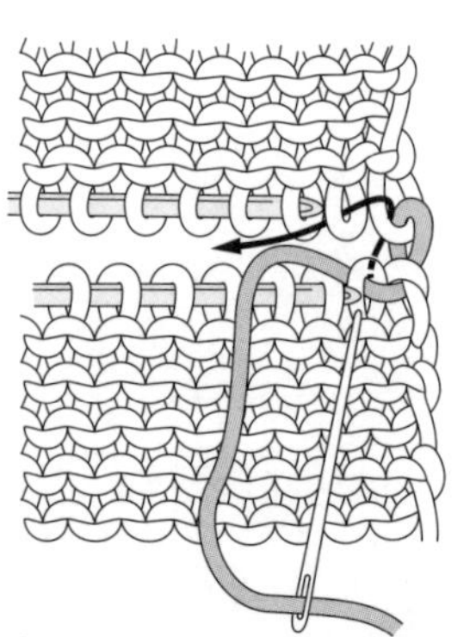

2 从对面一片侧边1针的背面入针，从第2针的正面向背面出针。

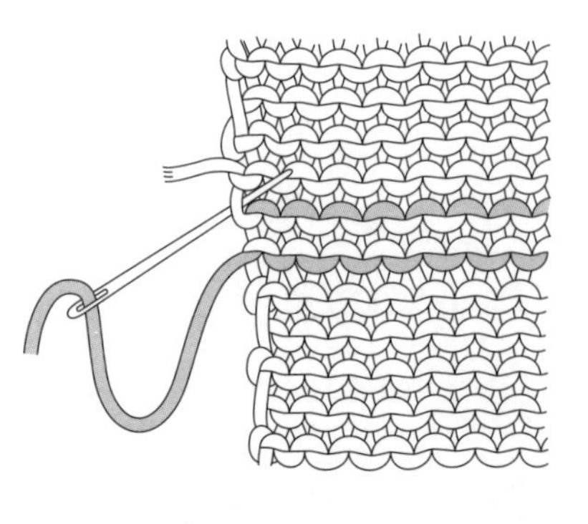

3 最后一针入针2次。两片编织物错开半针。

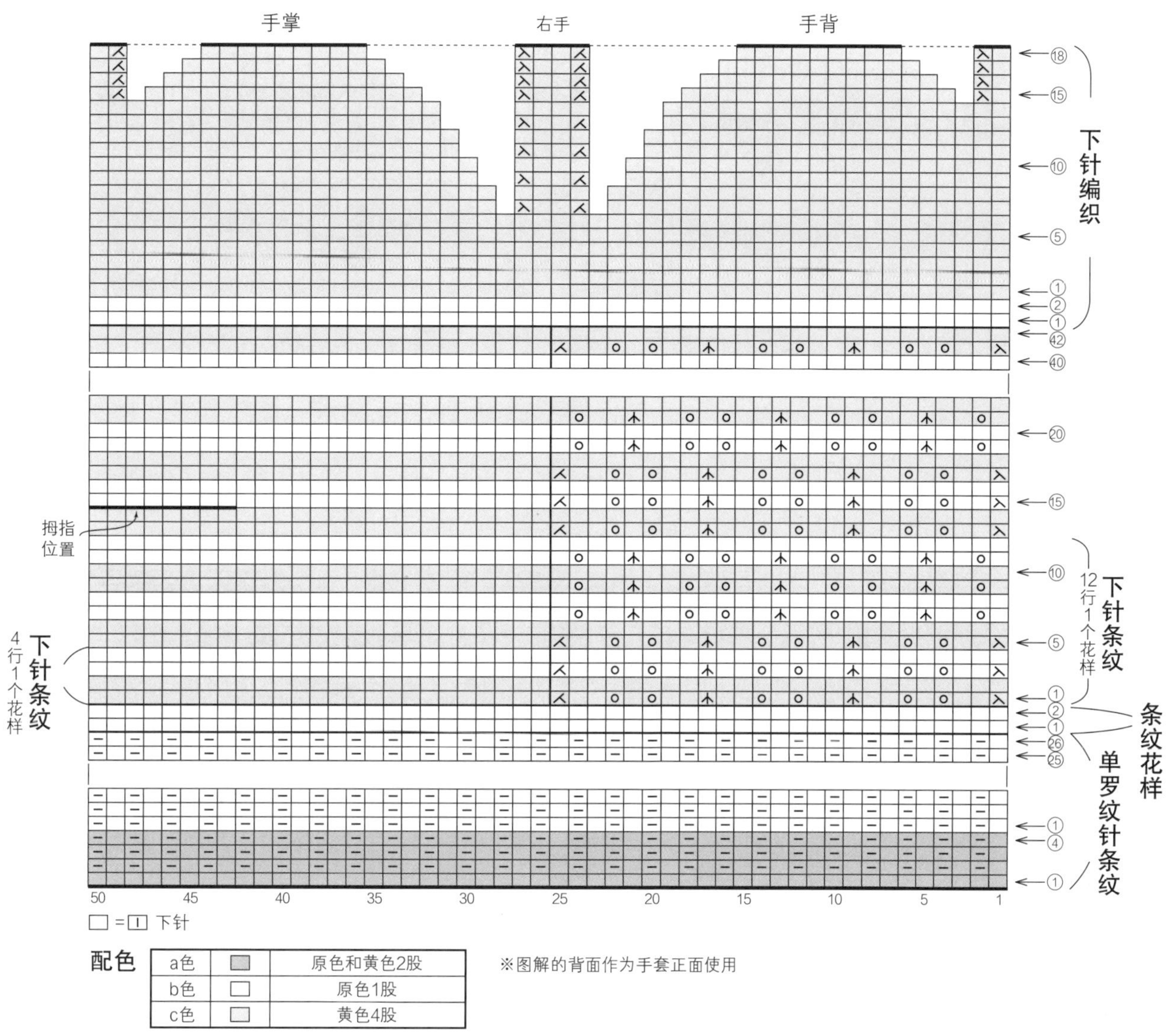

配色

a色	▩	原色和黄色2股
b色	□	原色1股
c色	▤	黄色4股

※图解的背面作为手套正面使用

双罗纹针收针
（两侧都为2针下针）

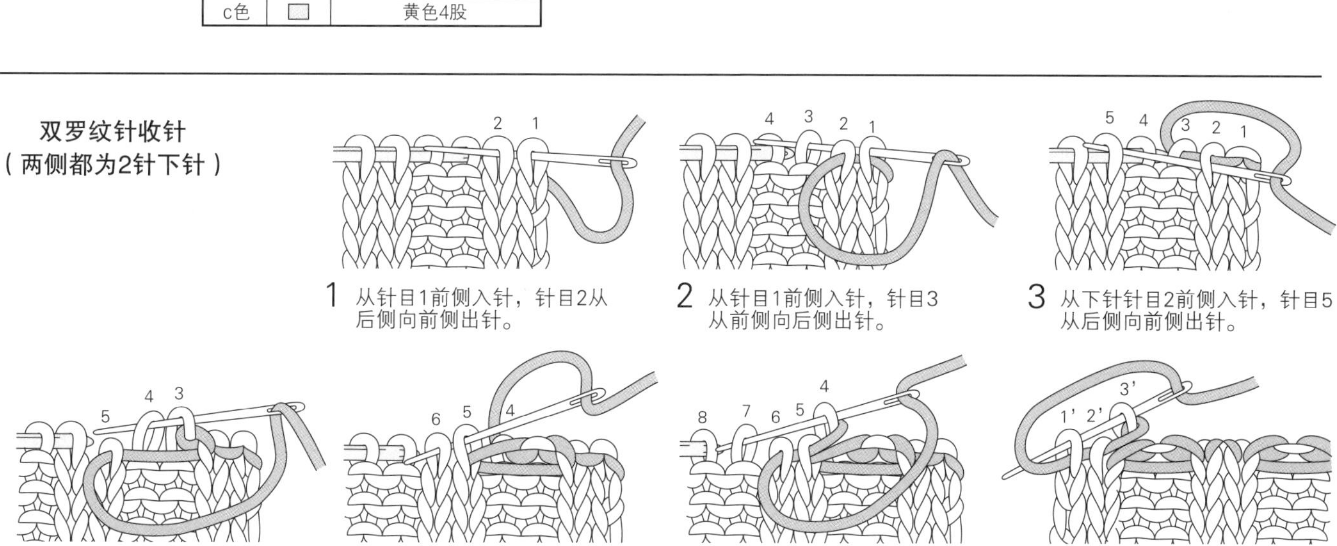

1 从针目1前侧入针，针目2从后侧向前侧出针。

2 从针目1前侧入针，针目3从前侧向后侧出针。

3 从下针针目2前侧入针，针目5从后侧向前侧出针。

4 从上针针目3后侧入针，针目4从前侧向后侧出针。

5 从下针针目5前侧入针，针目6从后侧向前侧出针。

6 重复穿过下针针目、上针针目。

7 最后穿过1’和3’，完成。

20 →p.33

材料

T Honey Wool（中粗羊毛＋安哥拉兔毛线）苔绿色（08）60g。Reina Silk Mohair（极细顶级羔羊马海毛＋真丝线）翡翠蓝色（02）35g。

直径23mm的纽扣1颗。内袋布料（薄羊毛布）45.5cm×66cm。

工具

棒针6号。钩针6/0号。

成品尺寸

宽28.5cm、深29.5cm。

编织密度

10cm×10cm面积内，编织花样、条纹花样21针、32行。

▸编织要点

○主体…手指挂线起针，环形编织下针、花样、条纹花样和单罗纹针。按照图解加针。编织完成后，做下针织下针、上针织上针的伏针收针。

○组合…参照图示制作内袋。提手和主体一样，手指挂线起针，编织下针。背面缝制里布。将提手缝在包袋主体上。钩织罗纹绳制作扣襻，缝于主体的侧边。另一侧钉缝纽扣。将内袋缝制于主体内侧。

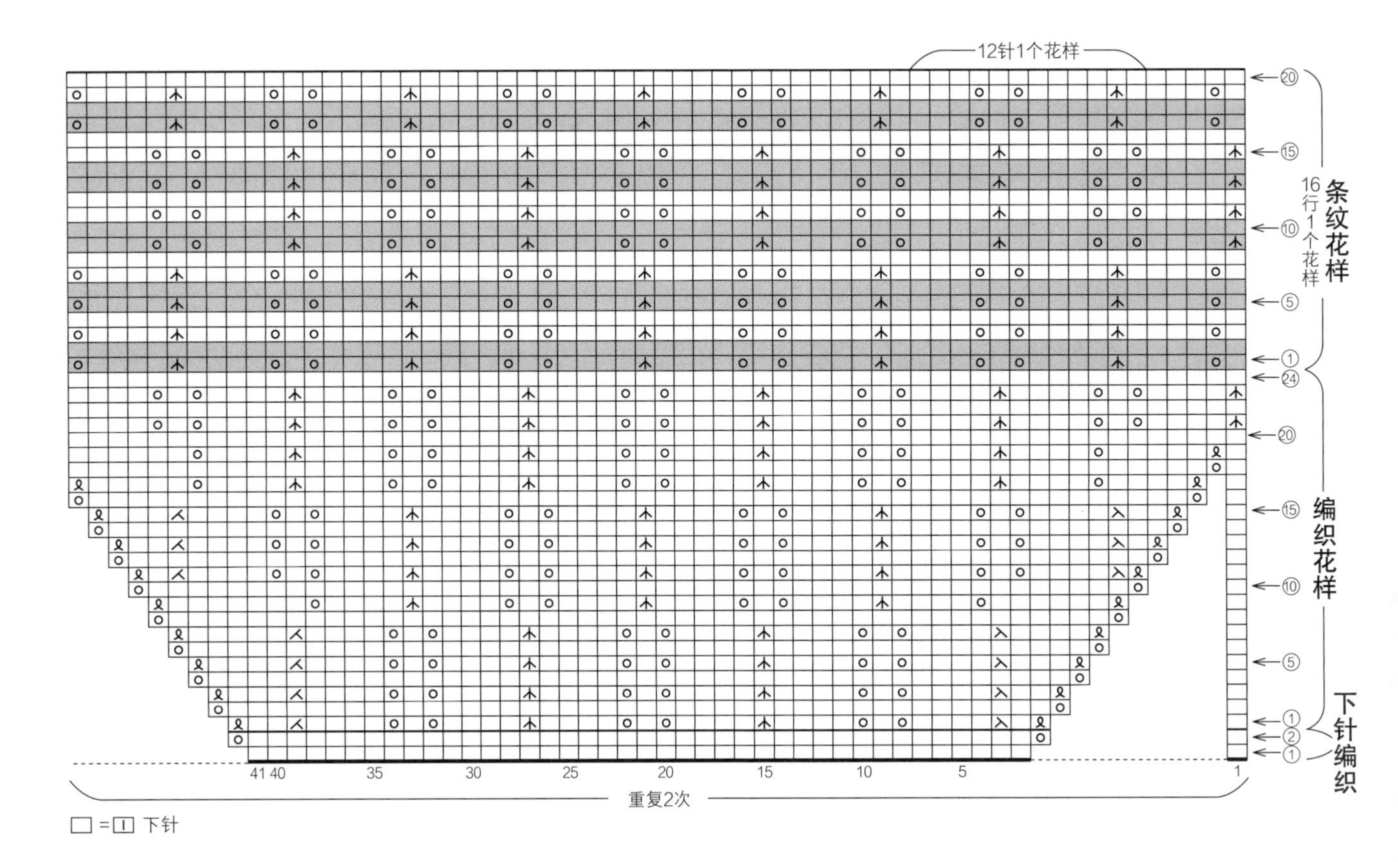

配色

a色	□	翡翠蓝色4股
b色	■	苔绿色1股

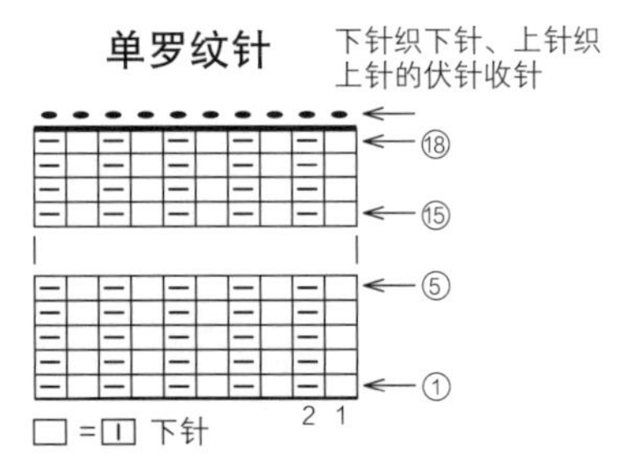

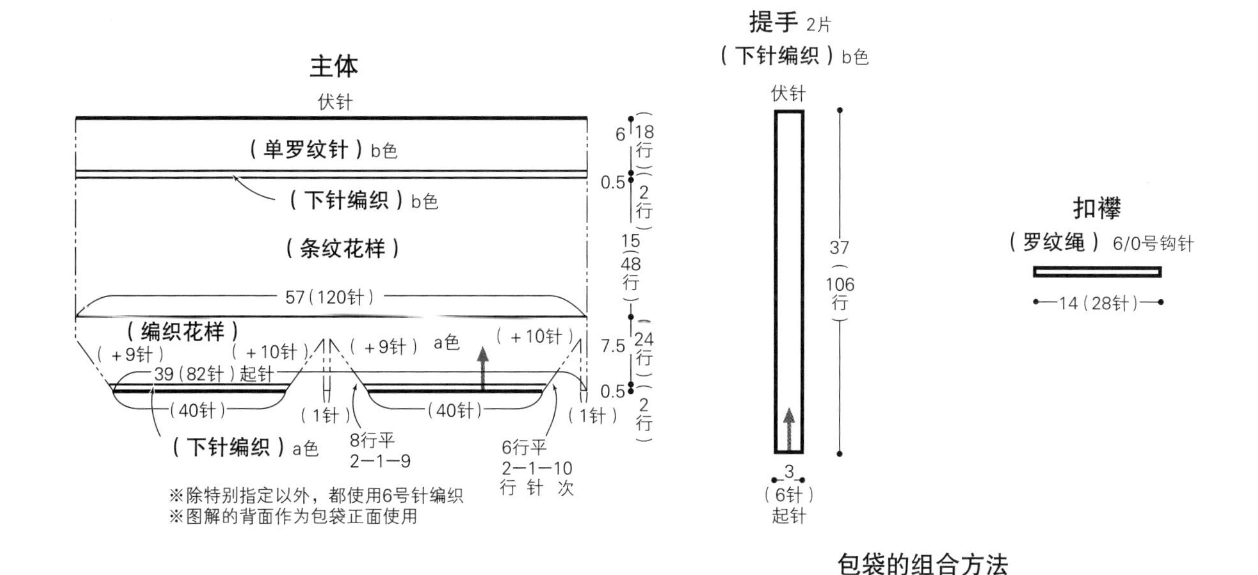

主体
伏针
（单罗纹针）b色
（下针编织）b色
（条纹花样）
57（120针）
（编织花样）
（+9针）
（+10针）
（+9针）
a色
（+10针）
39（82针）起针
（40针）
（1针）
（40针）
（1针）
（下针编织）a色
8行平
2−1−9
6行平
2−1−10
行 针 次
6
18行
0.5
2行
15
48行
7.5
24行
0.5
2行
※除特别指定以外，都使用6号针编织
※图解的背面作为包袋正面使用
提手 2片
（下针编织）b色
伏针
37
106行
3
（6针）
起针
扣襻
（罗纹绳）6/0号钩针
14（28针）

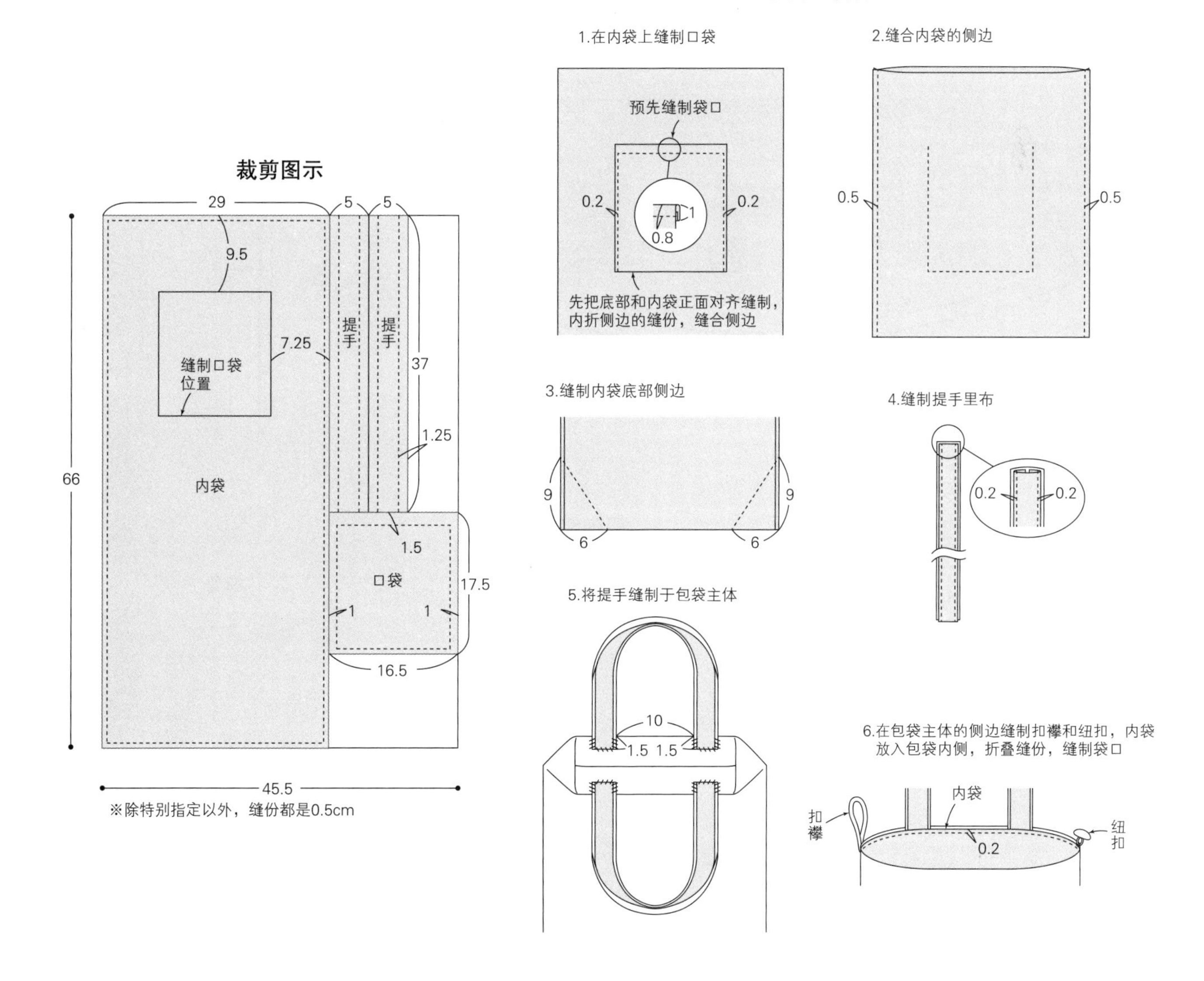

包袋的组合方法
1.在内袋上缝制口袋
预先缝制袋口
0.2
0.2
1
0.8
先把底部和内袋正面对齐缝制，
内折侧边的缝份，缝合侧边
2.缝合内袋的侧边
0.5
0.5
裁剪图示
29
5
5
9.5
7.25
缝制口袋
位置
提手
提手
37
1.25
66
内袋
1.5
口袋
17.5
1
1
16.5
45.5
※除特别指定以外，缝份都是0.5cm
3.缝制内袋底部侧边
9
9
6
6
4.缝制提手里布
0.2
0.2
5.将提手缝制于包袋主体
10
1.5 1.5
6.在包袋主体的侧边缝制扣襻和纽扣，内袋
放入包袋内侧，折叠缝份，缝制袋口
内袋
扣襻
纽扣
0.2

21→p.35

→p.35

材料

T Honey Wool（中粗羊毛＋安哥拉兔毛线）粉红色（02）70g。
Feathery Mohair（极细羔羊马海毛＋锦纶线）米黄色（03）70g。

工具

棒针10号、8号。钩针7/0号。

成品尺寸

身长19cm。

编织密度

10cm×10cm面积内，编织配色花样16针、20.5行。

▸编织要点

◎主体…手指挂线起针，编织起伏针、单罗纹针、配色花样。配色花样使用横向渡线编织。参照图解分散减针。

◎组合…衣领从主体挑针，编织起伏针条纹、单罗纹针条纹，参照图解留出穿绳孔。编织完成后，做下针织下针、上针织上针的伏针收针。抽绳编织花样，装饰球钩织短针。将抽绳穿过衣领，两端固定装饰球。

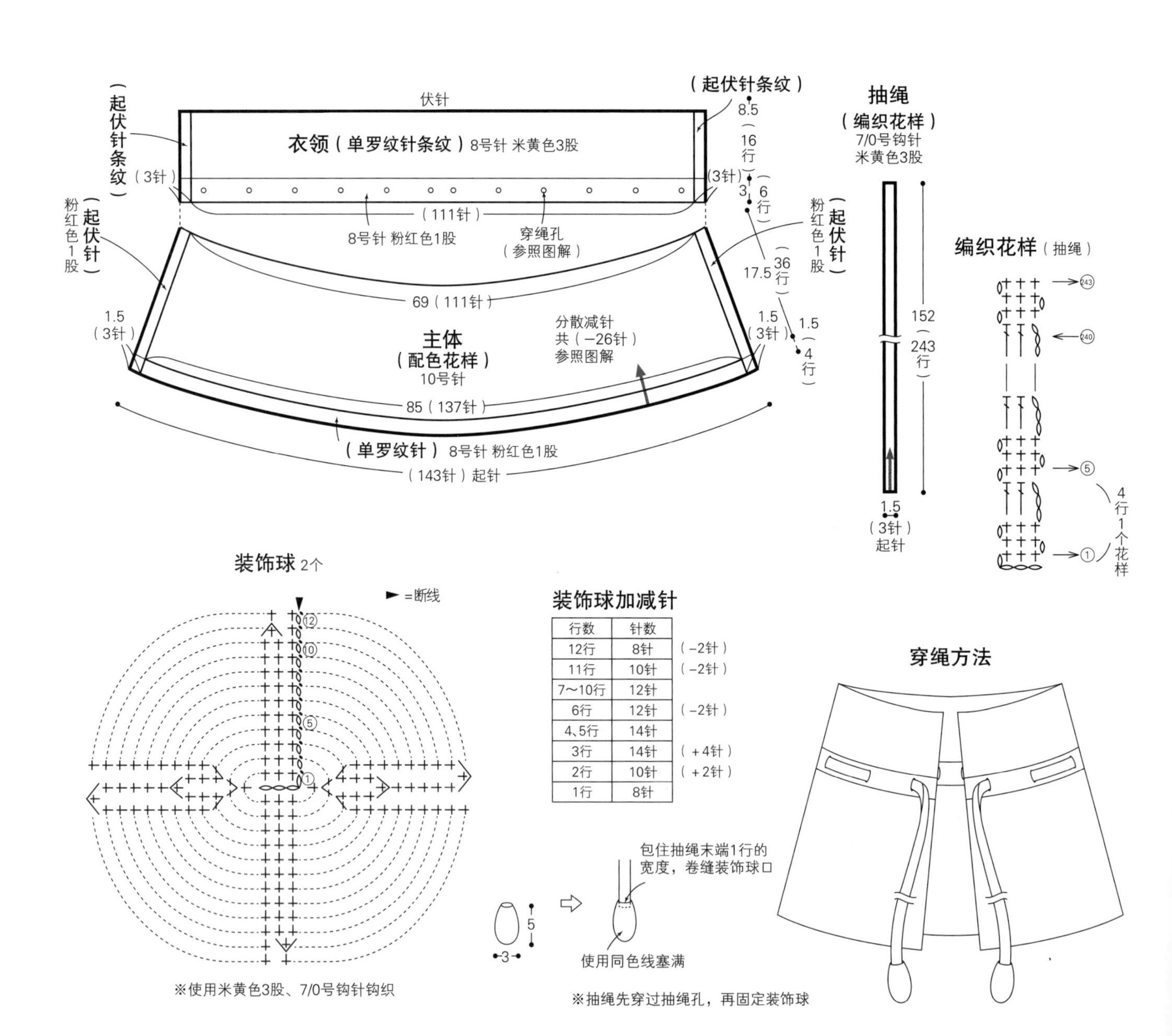

行数	针数	
12行	8针	（−2针）
11行	10针	（−2针）
7~10行	12针	
6行	12针	（−2针）
4、5行	14针	
3行	14针	（＋4针）
2行	10针	（＋2针）
1行	8针	

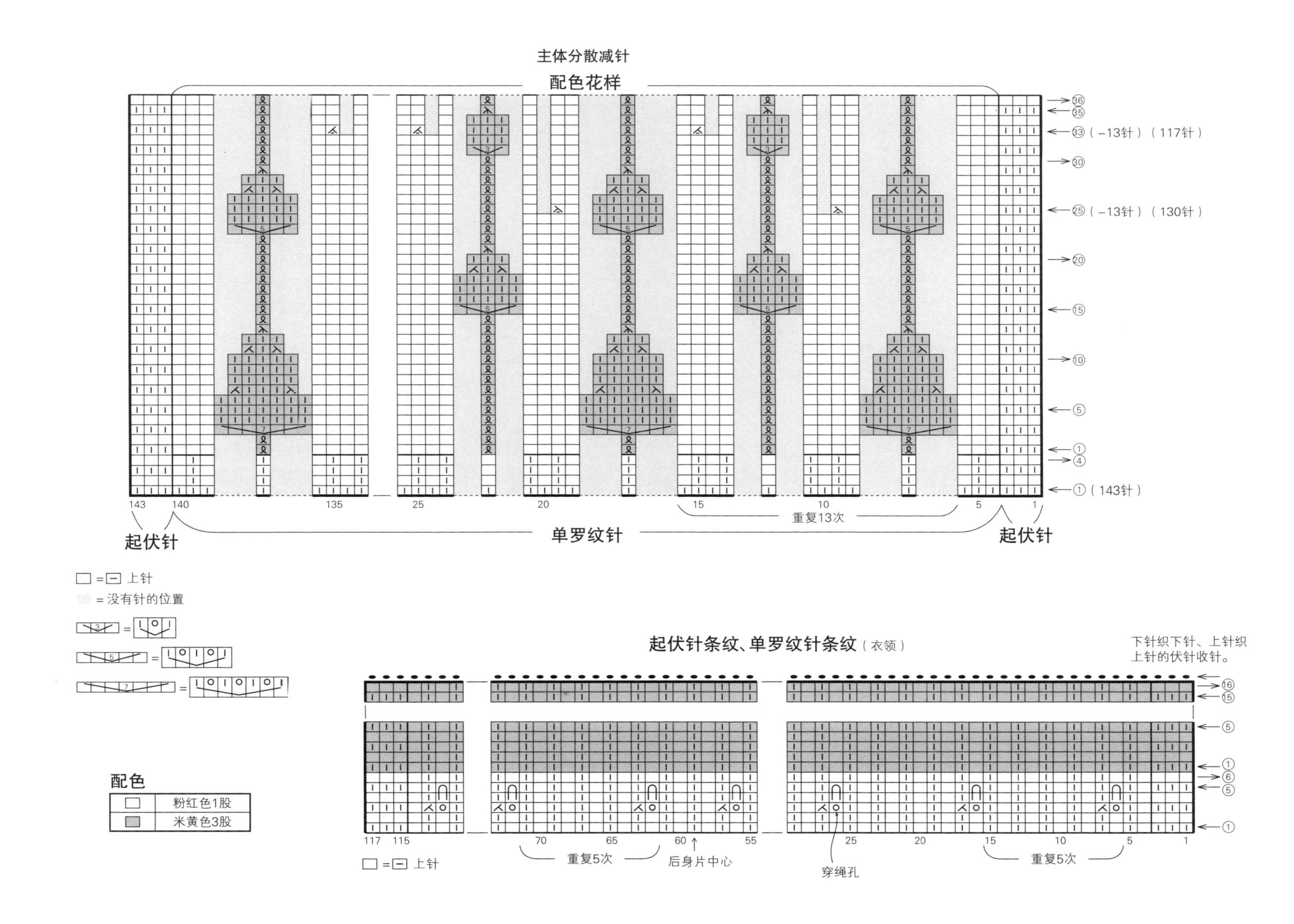
主体分散减针
配色花样
③③（－13针）（117针）
㉕（－13针）（130针）
①（143针）
重复13次
起伏针
单罗纹针
起伏针
□=⊟ 上针
=没有针的位置
配色
粉红色1股
米黄色3股
起伏针条纹、单罗纹针条纹（衣领）
下针织下针、上针织
上针的伏针收针。
□=⊟ 上针
重复5次
后身片中心
穿绳孔
重复5次

22 →p.36

材料

T Honey Wool（中粗羊毛 + 安哥拉兔毛线）苔绿色（08）M 号180g、L号225g。Feathery Mohair（极细羔羊马海毛 + 锦纶线）米黄色（03）M 号80g、L 号100g。

直径20mm 的纽扣6颗。

工具

棒针10号。

成品尺寸

M 号 / 胸围94cm、衣长42cm、连肩袖长56.5cm。

L 号 / 胸围102cm、衣长46cm、连肩袖长62.75cm。

编织密度

10cm×10cm 面积内，编织配色花样 A、B 15针、16.5行。

▸ **编织要点**

◦衣身、袖子…手指挂线起针，编织单罗纹针和配色花样 A、B。配色花样使用横向渡线编织。袖下的加针参照图解。

◦组合…侧边使用下针接合，挑针编织育克。育克编织配色花样 B，参照图解分散减针。连在一起编织衣领，编织配色扭针单罗纹针、上针。编织完成后上针伏针收针。前襟挑指定的针数，编织单罗纹针。右前襟开扣眼。编织完成后单罗纹针收针。钉缝纽扣。

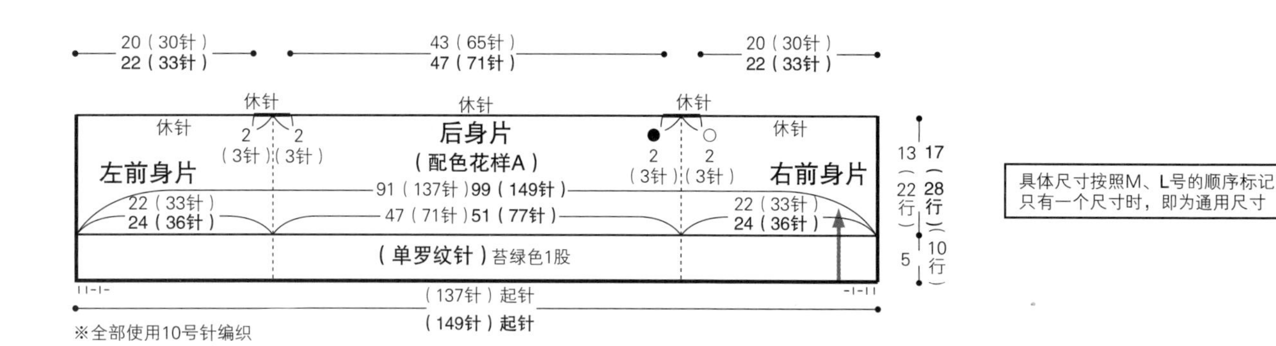

※全部使用10号针编织

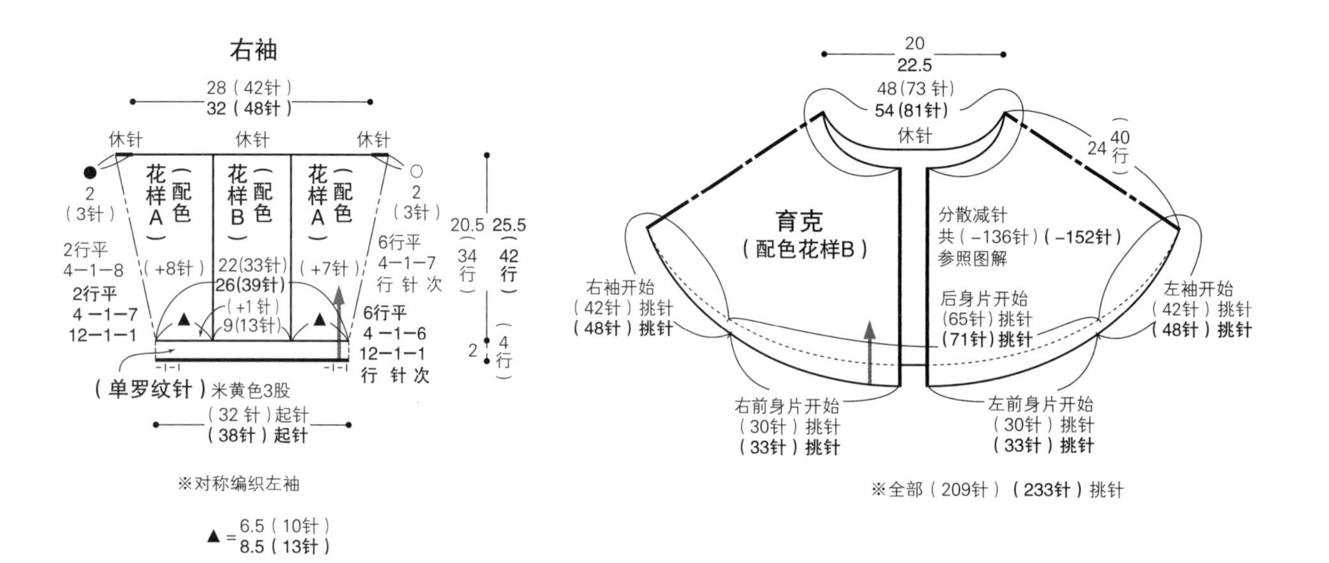

※对称编织左袖

▲ = 6.5（10针）/ 8.5（13针）

※全部（209针）（233针）挑针

扭针加针

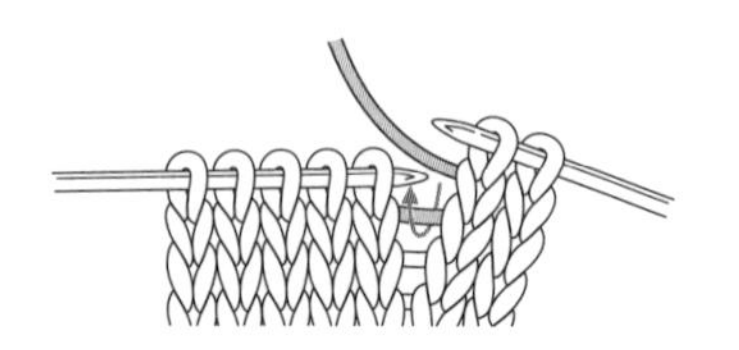

1 右侧棒针沿箭头方向插入。

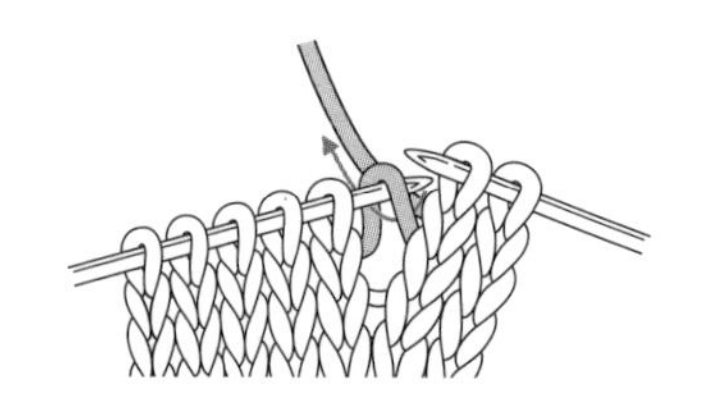

2 挑起1针移至左侧棒针，沿箭头方向插入棒针，编织下针。

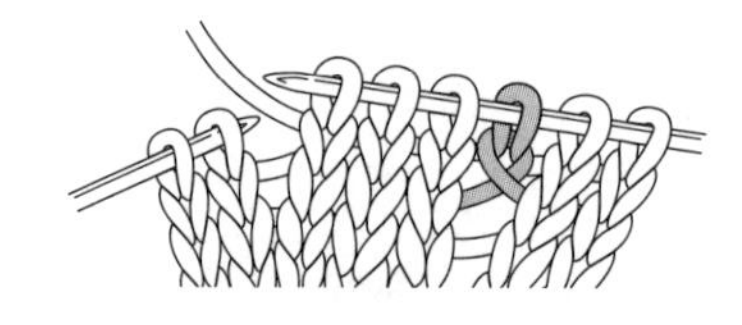

3 完成扭针加针。

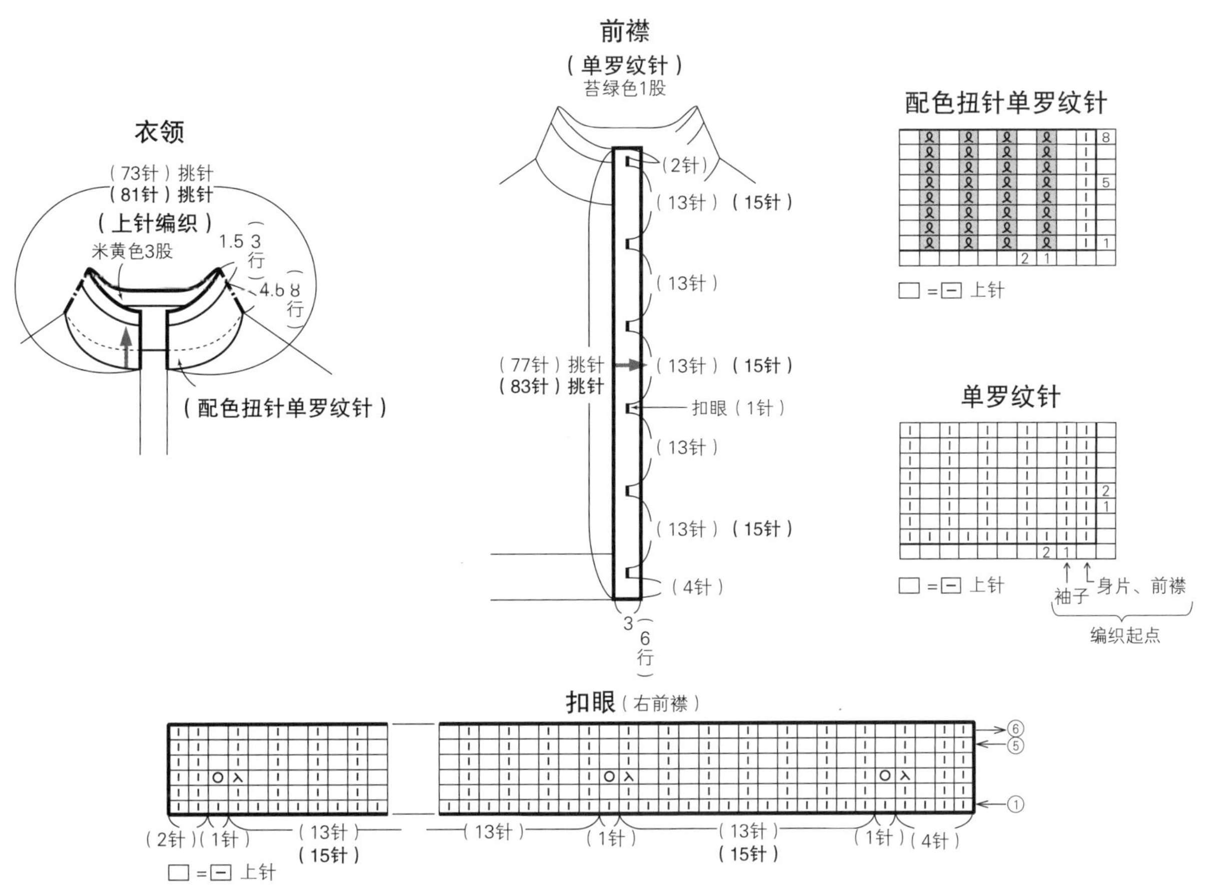

衣领
(73针)挑针
(81针)挑针
(上针编织)
米黄色3股
1.5
3行
4.5
8行
(配色扭针单罗纹针)
前襟
(单罗纹针)
苔绿色1股
(2针)
(13针)(15针)
(13针)
(77针)挑针
(83针)挑针
(13针)(15针)
扣眼(1针)
(13针)
(13针)(15针)
(4针)
3
6行
配色扭针单罗纹针
□=⊟ 上针
单罗纹针
□=⊟ 上针
袖子
身片、前襟
编织起点
扣眼(右前襟)
(2针)(1针)
(13针)
(15针)
(13针)
(1针)
(13针)
(15针)
(1针)(4针)
□=⊟ 上针

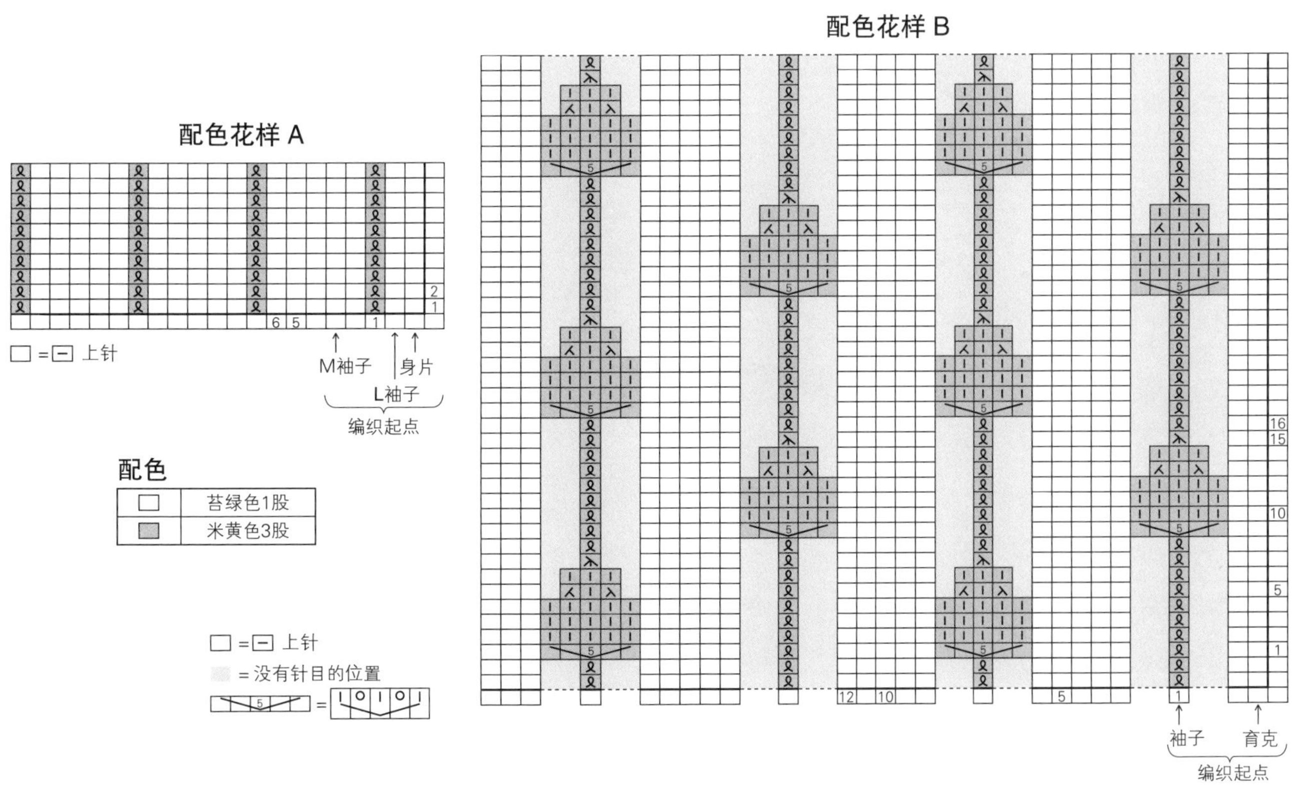

配色花样 A
□=⊟ 上针
M袖子
身片
L袖子
编织起点
配色
苔绿色1股
米黄色3股
□=⊟ 上针
=没有针目的位置
配色花样 B
袖子
育克
编织起点

育克分散减针

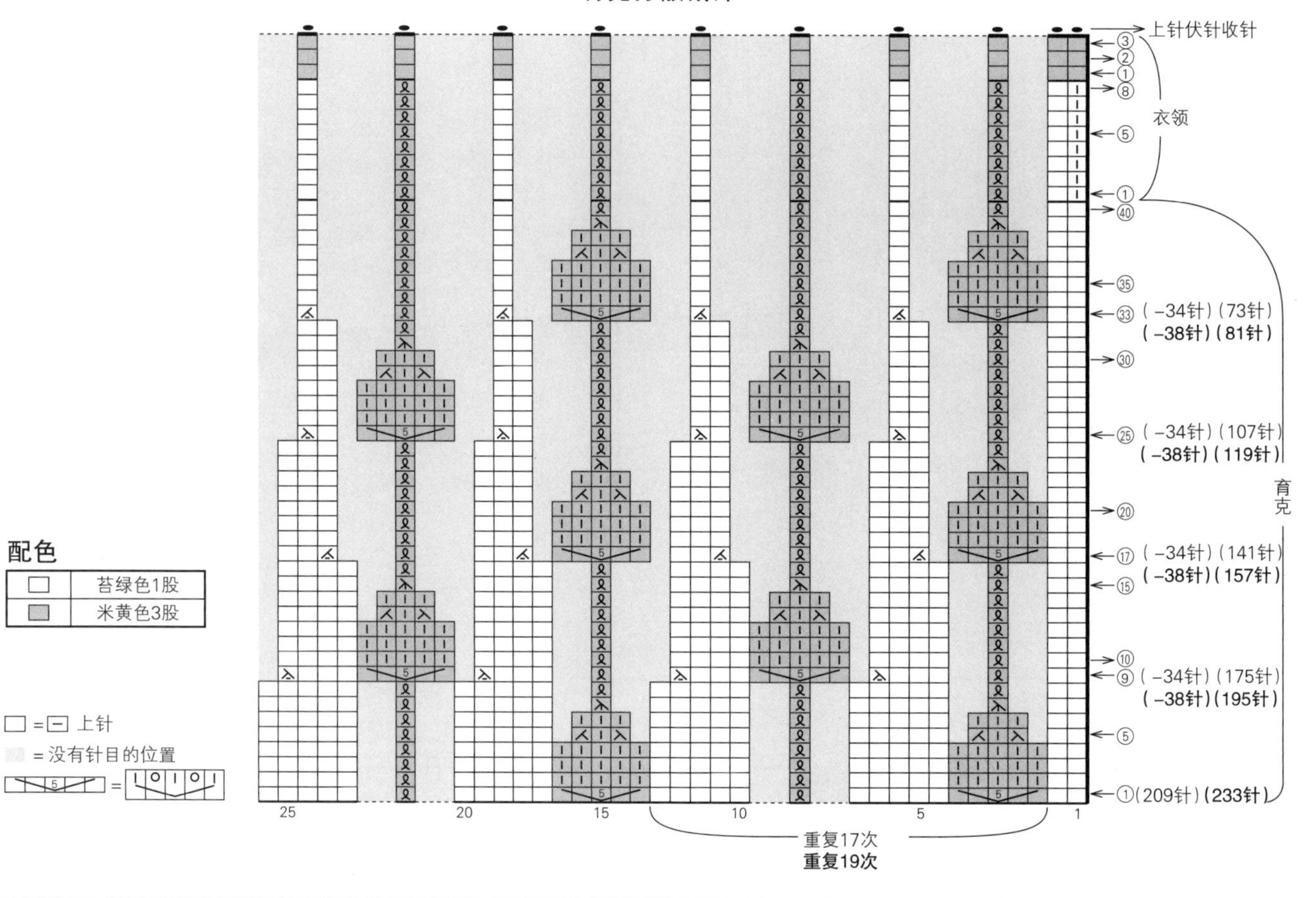

单罗纹针收针（环形编织）

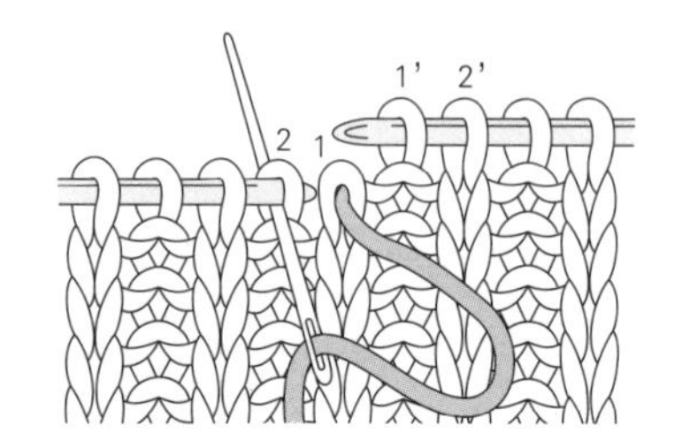

1 从编织起点针目1后侧入针，针目2从前侧向后侧出针。

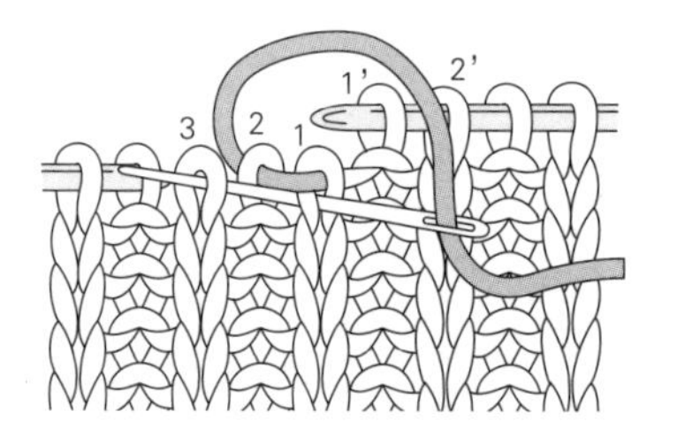

2 从针目1前侧入针，针目3后侧入针。

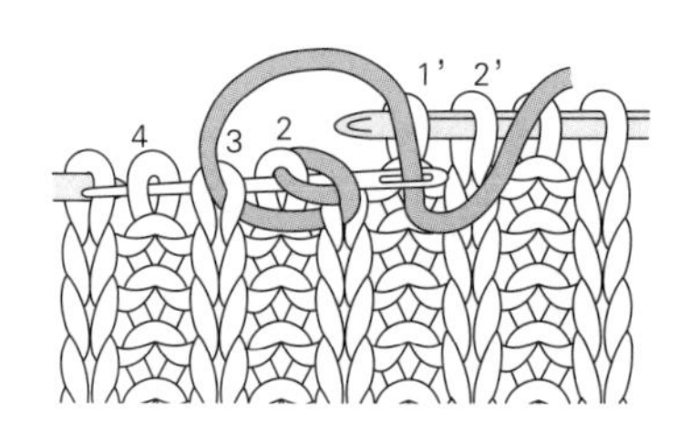

3 从下针针目2后侧入针，针目4前侧入针。

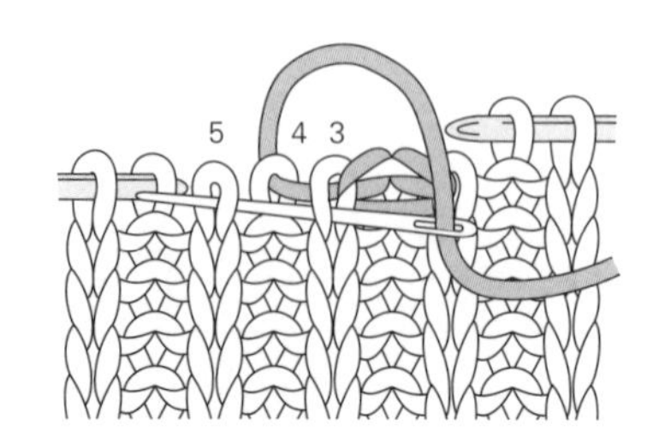

4 重复穿过下针针目、上针针目。

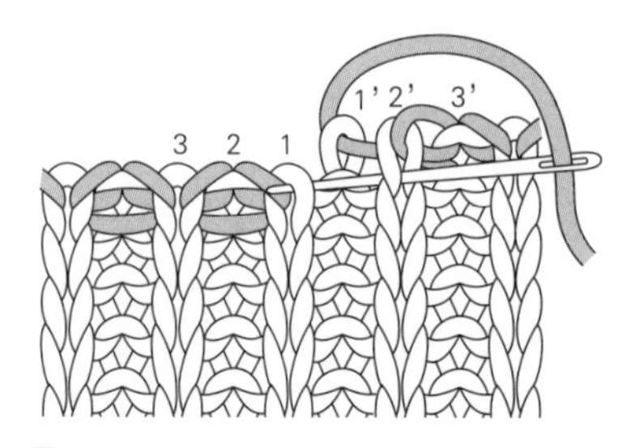

5 最后穿过编织终点的针目2’和编织起点的针目1。

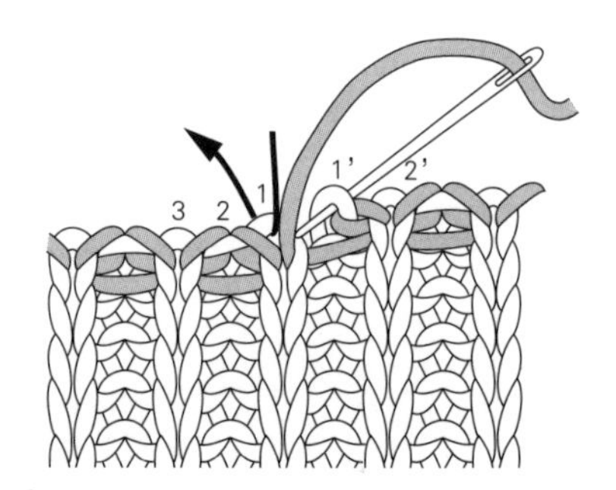

6 再穿过上针1’和2，完成。

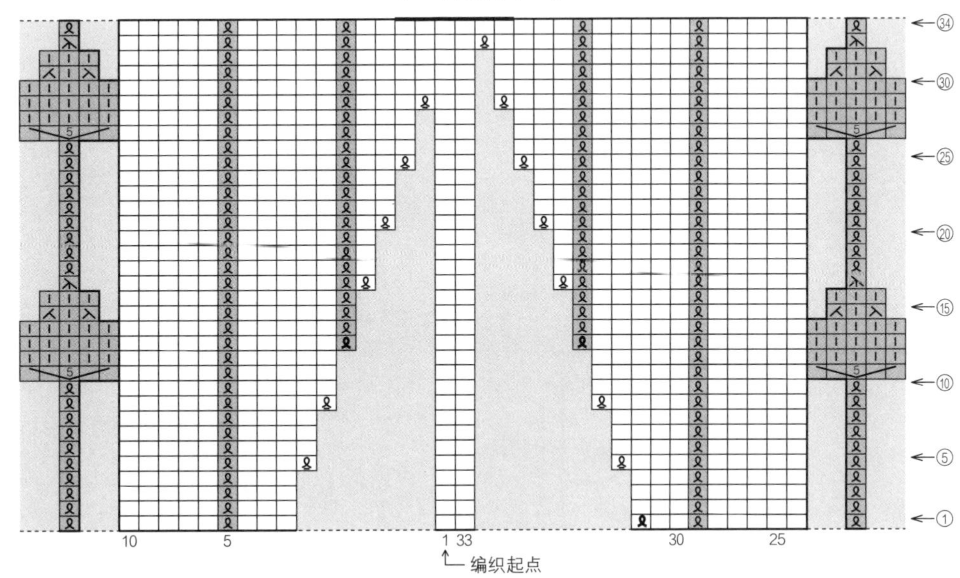

配色

□	苔绿色1股
▒	米黄色3股

□ = ⊟ 上针

扭针加针

上针扭针加针

= 编织起点

L号　右袖下加针

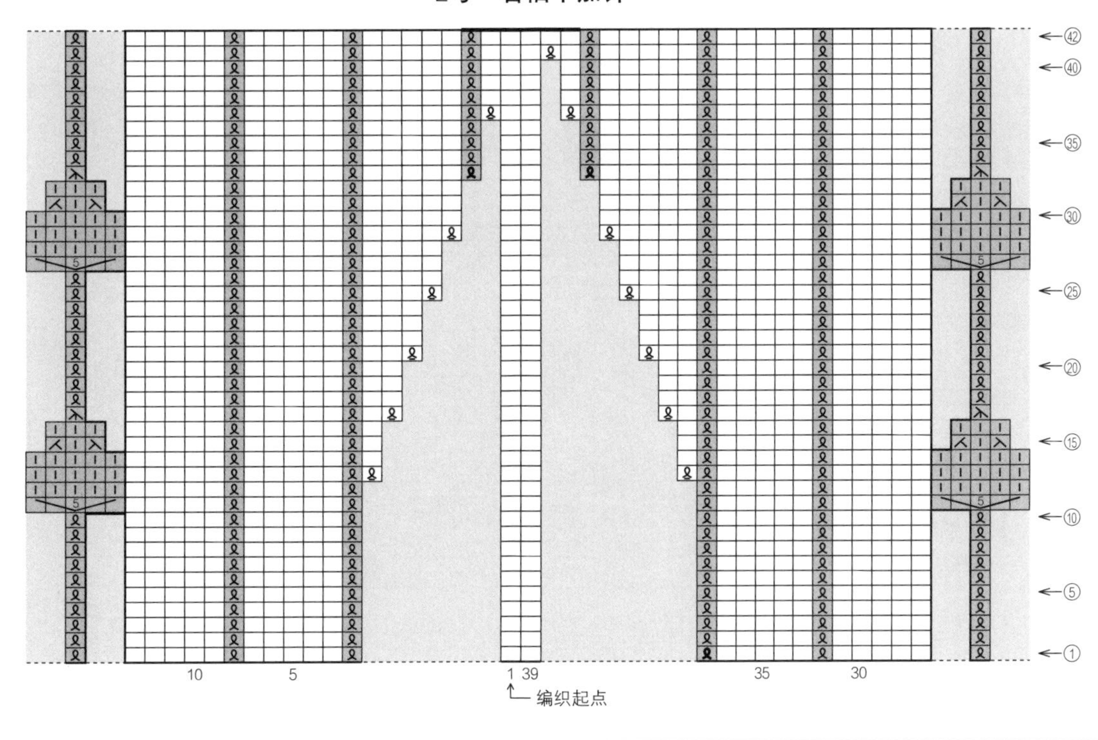

挂针

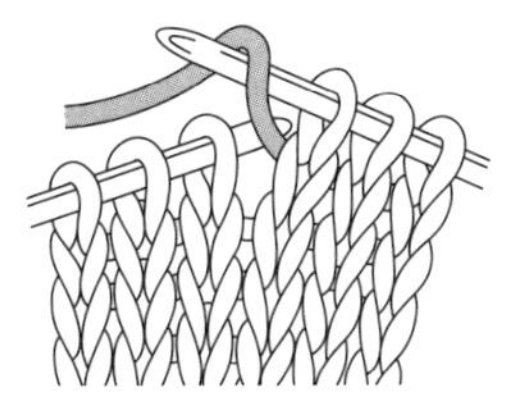

1 针上挂线。

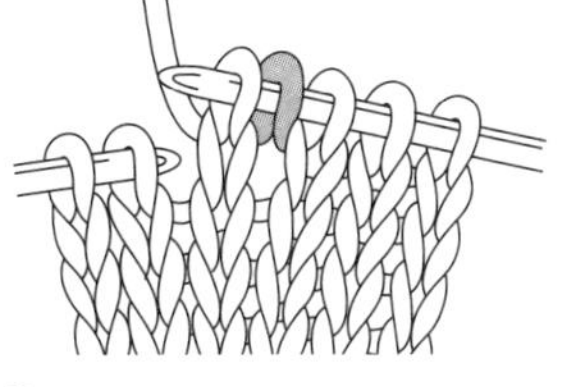

2 继续编织下一针。

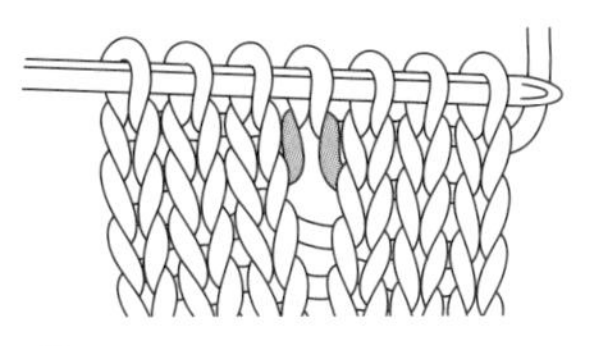

3 完成针目和针目之间的1针挂针。

23→p.37

材料

T Honey Wool（中粗羊毛＋安哥拉兔毛线）棕色（13）35g。
Feathery Mohair（极细羔羊马海毛＋锦纶线）米黄色（03）5g。

工具

棒针10号、8号。

成品尺寸

手掌掌围19cm、长26cm。

编织密度

10cm×10cm 面积内，编织上针15.5针、19行，编织配色花样16针、19行。

▸ **编织要点**

◦手指挂线起针，编织单罗纹针、上针、配色花样、起伏针。配色花样使用横向渡线编织。编织完成后伏针收针。
◦组合…使用毛线缝针挑针缝合侧边。

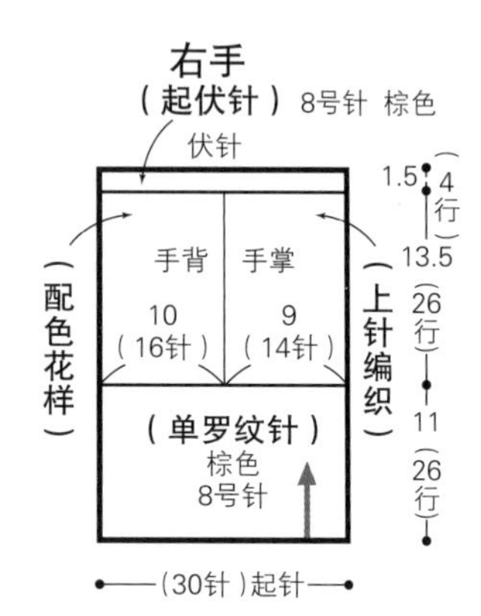

※除特别指定以外，都使用10号针编织
※对称编织左手

组合方法

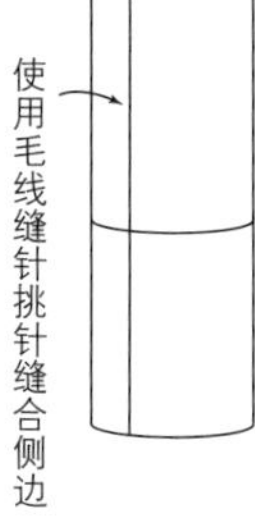

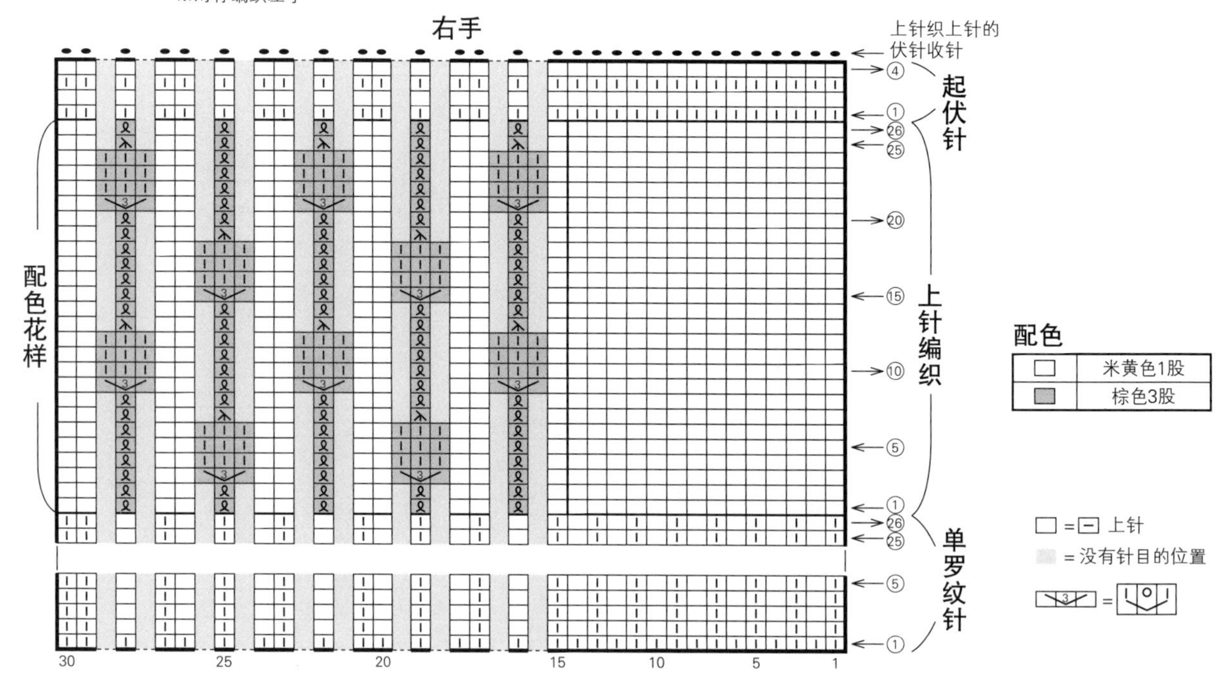

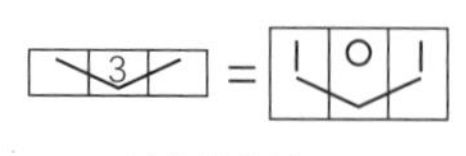

1针放3针

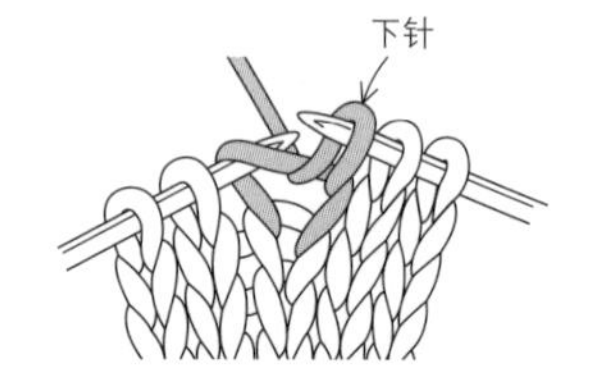

1 编织下针，棒针不退出针目。

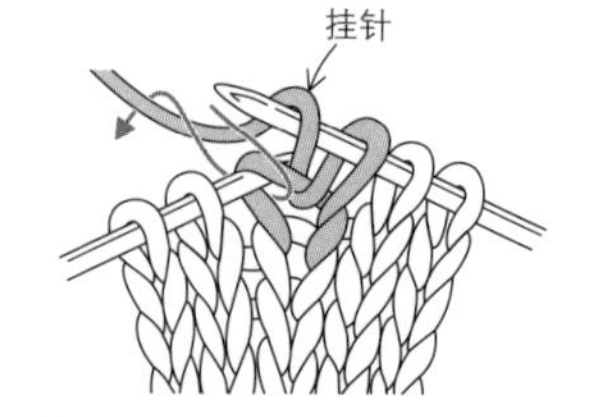

2 挂针，再编织下针。

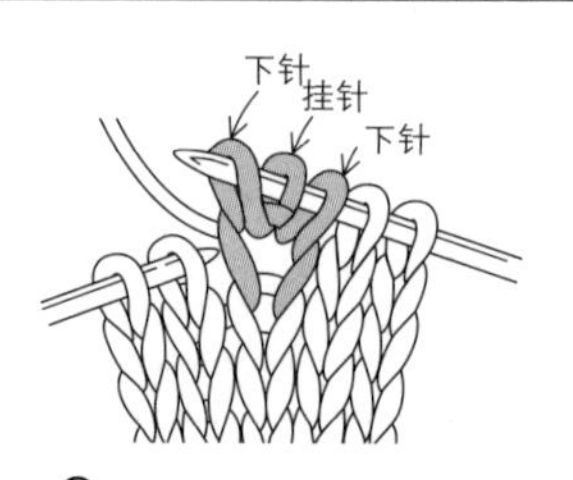

3 完成1针放3针。

24→p.37

材料

T Honey Wool（中粗羊毛+安哥拉兔毛线）苔绿色（08）45g。
Feathery Mohair（极细羔羊马海毛+锦纶线）米黄色（03）20g。

工具

棒针10号、8号。

成品尺寸

头围48cm、帽深26cm。

编织密度

10cm×10cm 面积内，编织配色花样16针、18行。

▸ **编织要点**

手指挂线起针，环形编织单罗纹针、配色花样。配色花样使用横向渡线编织。编织完成后将线分两次间隔1针穿过最后1行的针目，抽紧。

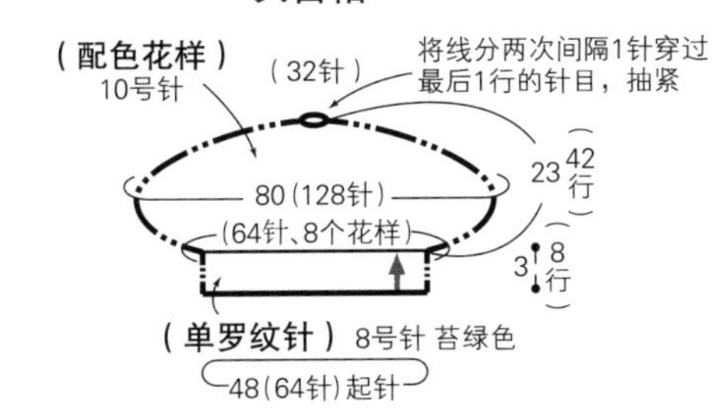

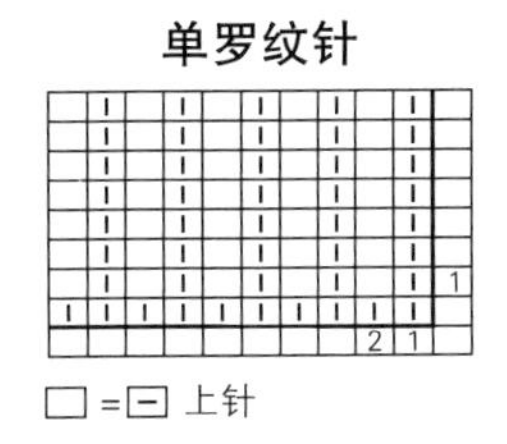

配色花样

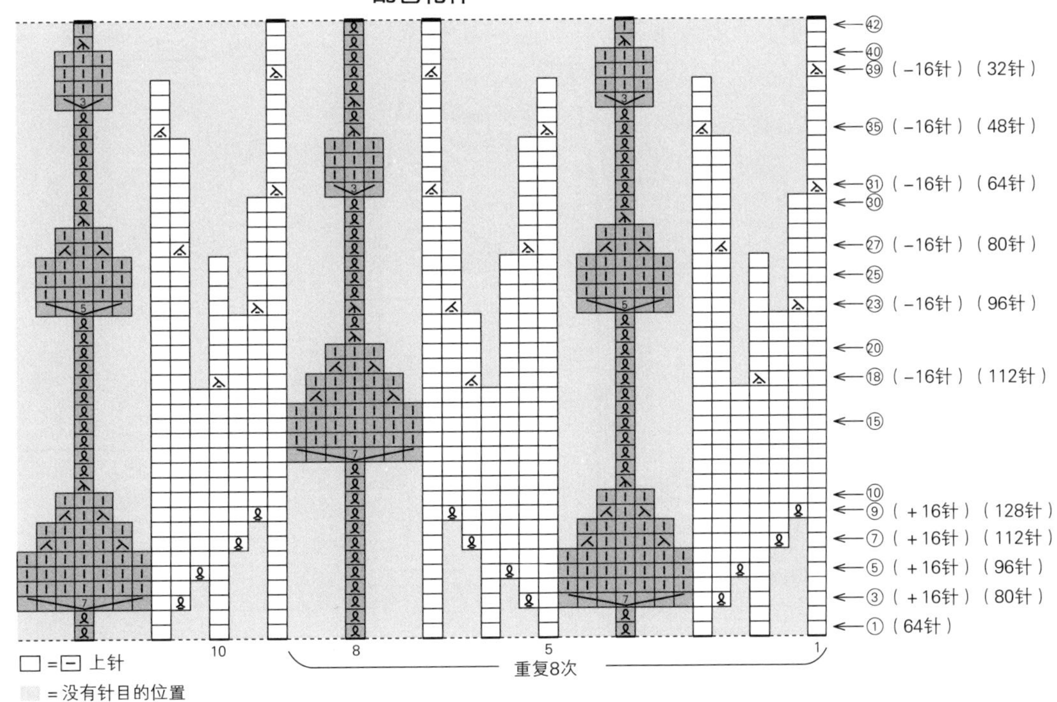

□=⊟ 上针

░ =没有针目的位置

ᘓ =上针扭针加针

3 = |Ｏ|

5 = |Ｏ|Ｏ|

7 = |Ｏ|Ｏ|Ｏ|

配色

□	苔绿色1股
■	米黄色3股

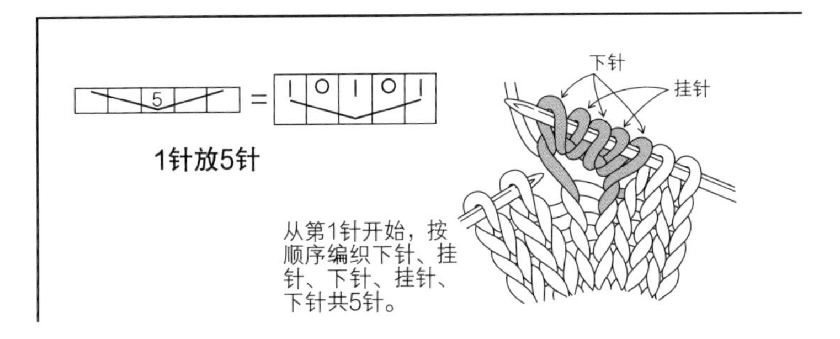

25→p.39

材料

Moke Wool B（中粗羊毛线）藏青色（29）M号295g、L号320g。织补绣用线少许。

工具

棒针8号。

成品尺寸

M号 / 胸围100cm、长55.5cm、连肩袖长28.5cm。

L号 / 胸围110cm、长58cm、连肩袖长30cm。

编织密度

10cm×10cm面积内，编织下针18.5针、26行。

▸编织要点

○身片…手指挂线起针，编织起伏针、下针。开衩位置两侧分别编织1针卷针加针。袖口在起伏针内侧编织挂针加针。

○组合…肩部盖针接合。衣领挑指定的针数，编织起伏针。编织完成后伏针收针。胁边使用毛线缝针挑针缝合开衩位置至袖口位置。衣袋以身片同样的方法起针，编织起伏针、下针。编织完成后伏针收针。衣袋缝于前身片。在身片和衣袋上进行织补绣（参照p.42、43）。也可以在缝衣袋前先完成织补绣。

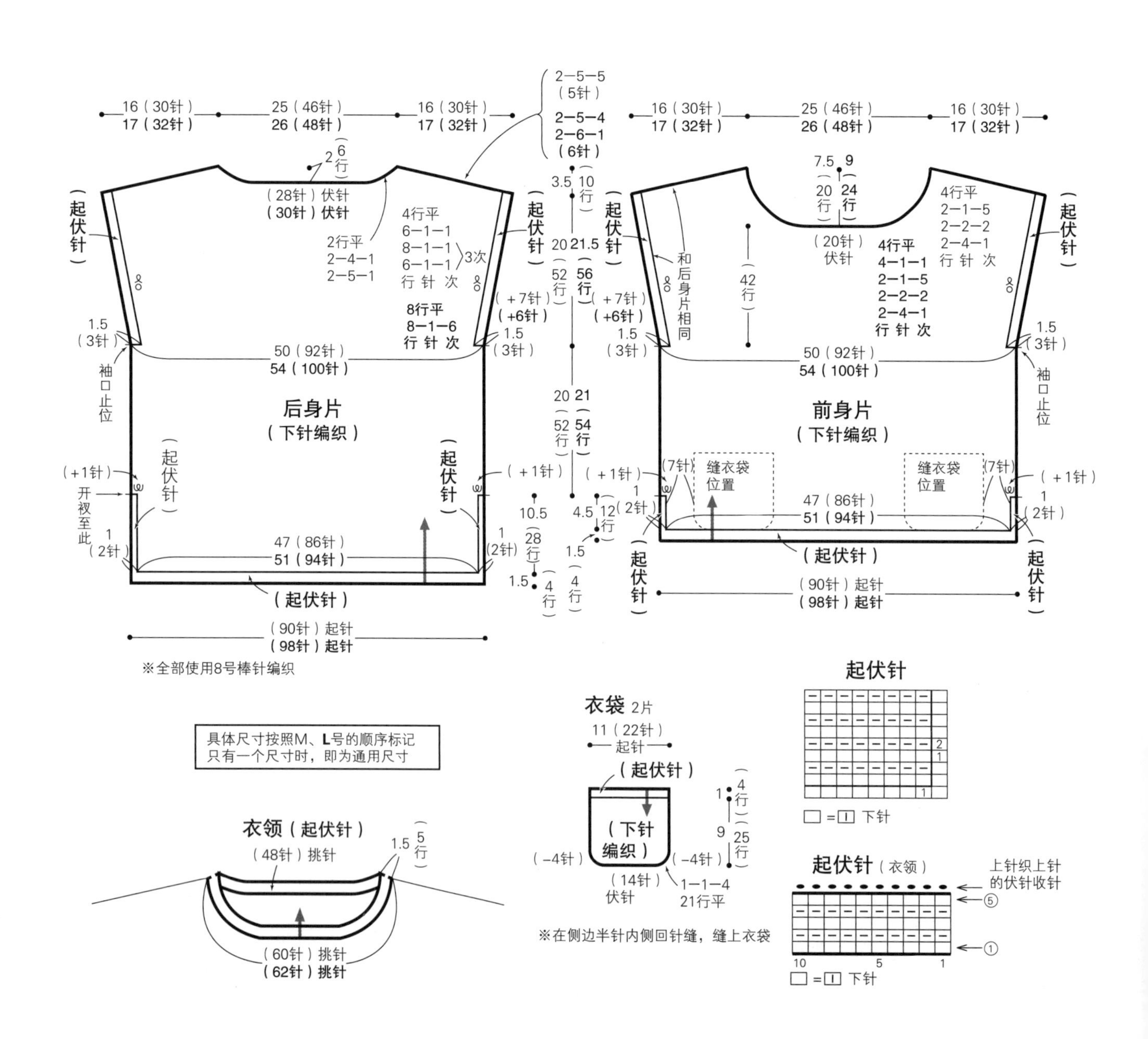

26、27→p.40、41

材料

Moke Wool B（中粗羊毛线），作品26卡其色（07）、作品27深灰色（15）各45g。织补绣用线少许。

工具

棒针7号。

成品尺寸

宽11cm、长143.5cm。

编织密度

10cm×10cm面积内，编织桂花针18.5针、30.5行，起伏针20针、29行。

▸ **编织要点**

○手指挂线起针，编织起伏针、上针、桂花针。挂针加针，2针并1针减针。编织完成后伏针收针。

○在上针和桂花针的位置进行织补绣（参照 p. 42、43）。

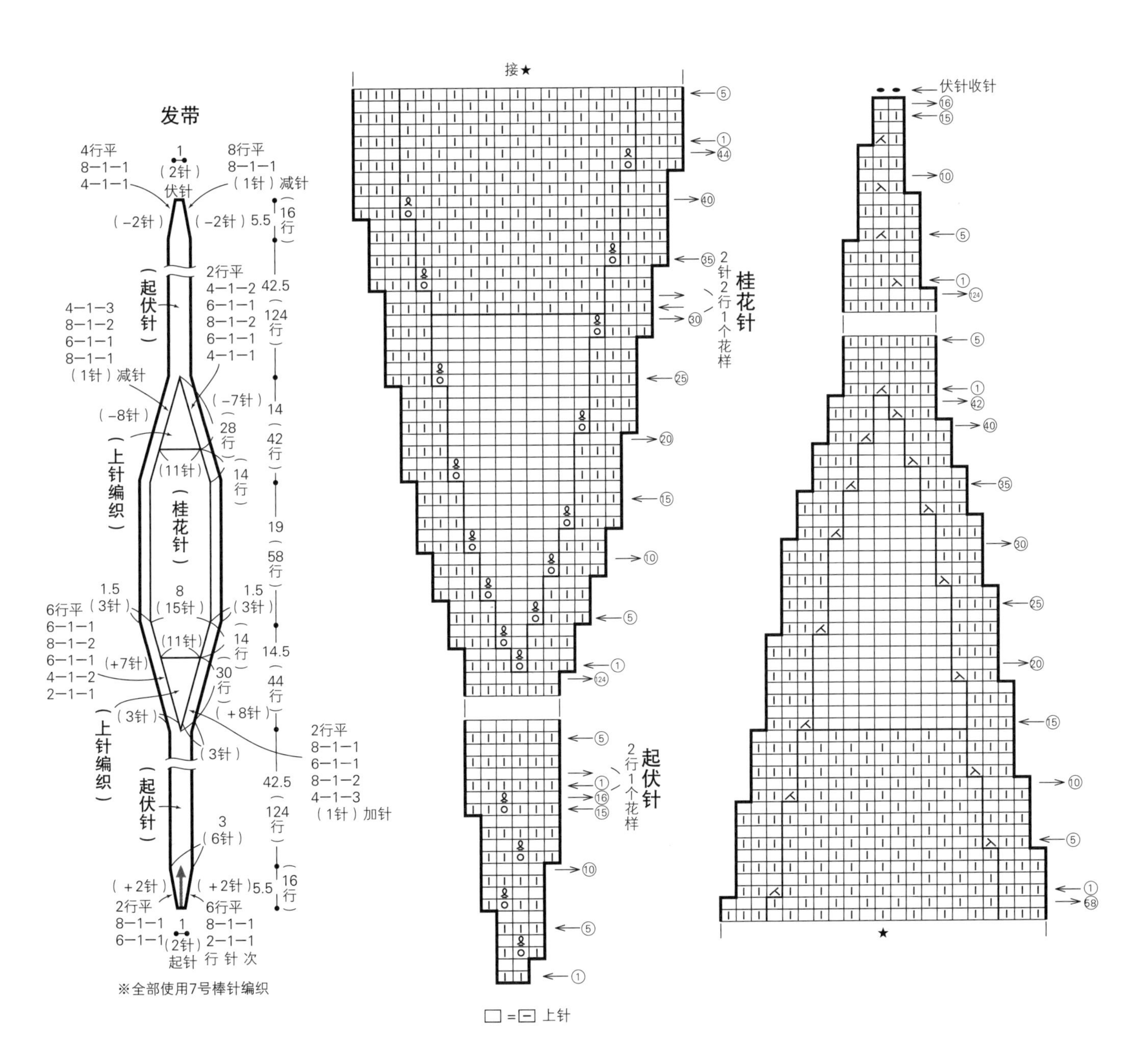

编织基础知识索引

起针

棒针编织符号及编织方法

钩针编织符号及编织方法

收针、缝合及接合

其他技法

棒针编织符号及编织方法

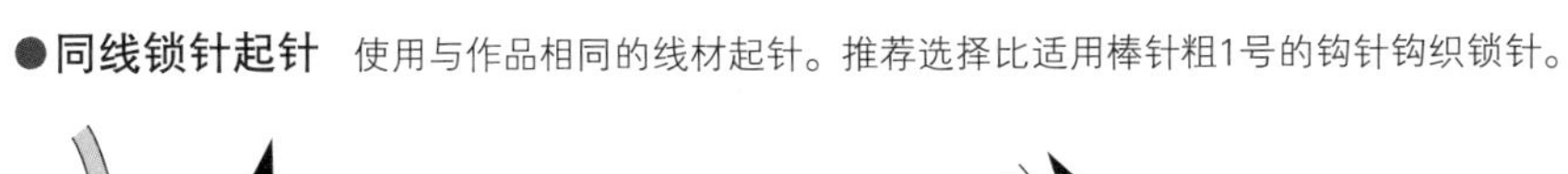

●同线锁针起针

使用与作品相同的线材起针。推荐选择比适用棒针粗1号的钩针钩织锁针。

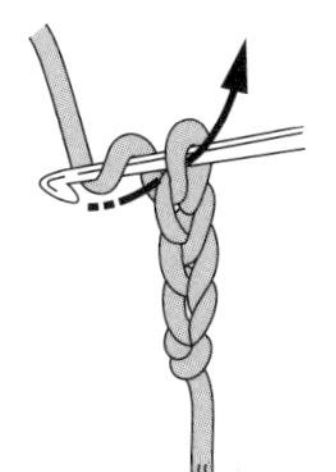

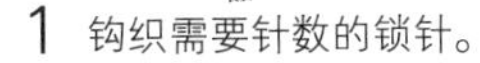

1 钩织需要针数的锁针。

2 将最后的锁针针目移到棒针上，作为第1针。

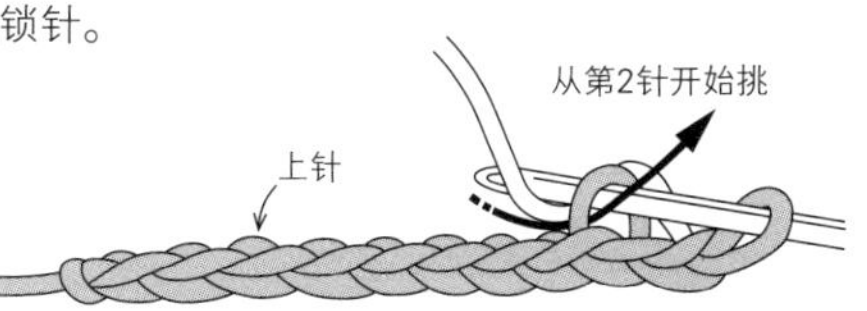

3 棒针插入第2针锁针的里山，挂线拉出。以同样的方法继续编织每一针。

●另线锁针起针

最后需要拆除起针的针目。推荐选择比适用棒针粗1号的钩针钩织锁针。

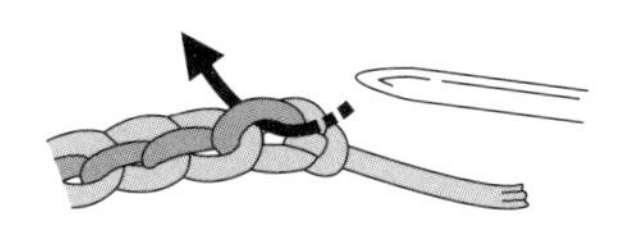

1 使用另线钩织锁针，棒针插入锁针的里山，拉出编织线。

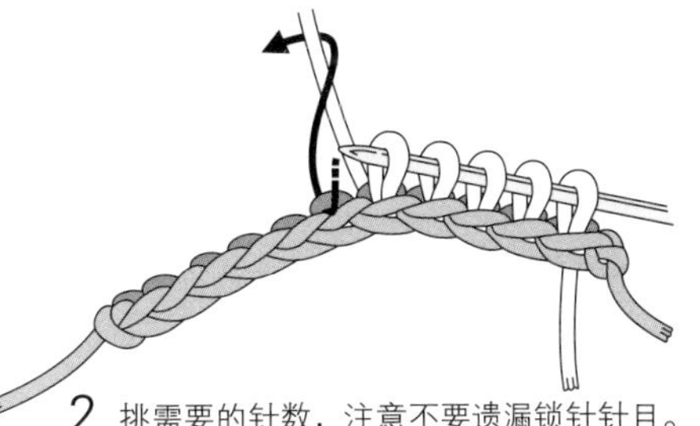

2 挑需要的针数，注意不要遗漏锁针针目。作为第1行。

｜ 下针

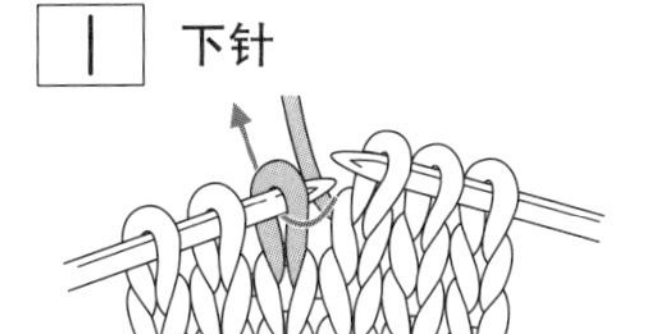

1 线放置于后侧，棒针从前侧插入。

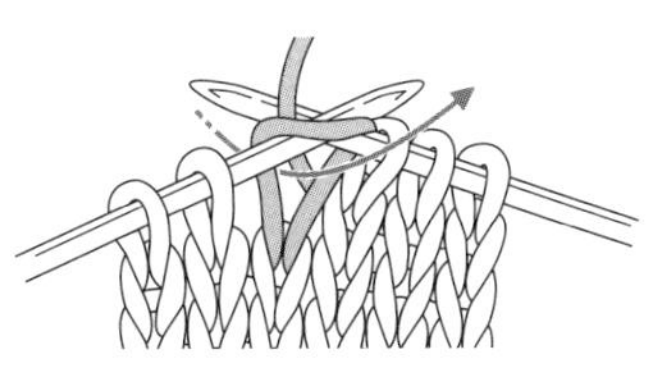

2 针上挂线，向前侧拉出。

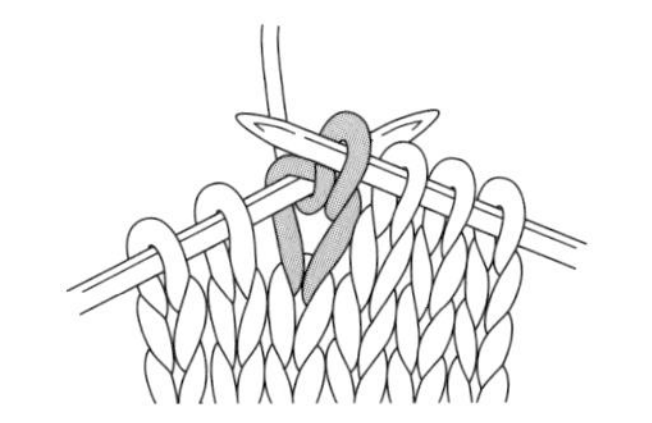

3 左侧棒针从针目中抽出。

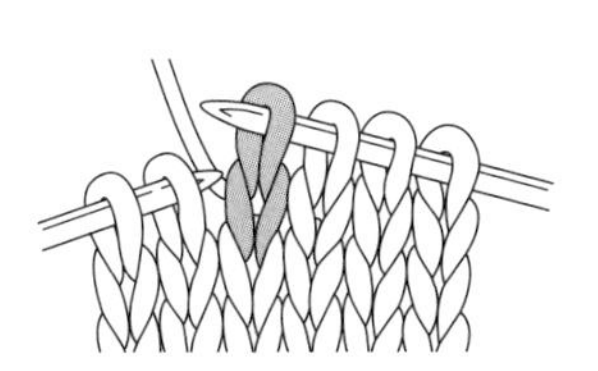

4 完成下针。

— 上针

1 线放置于前侧，棒针从后侧插入。

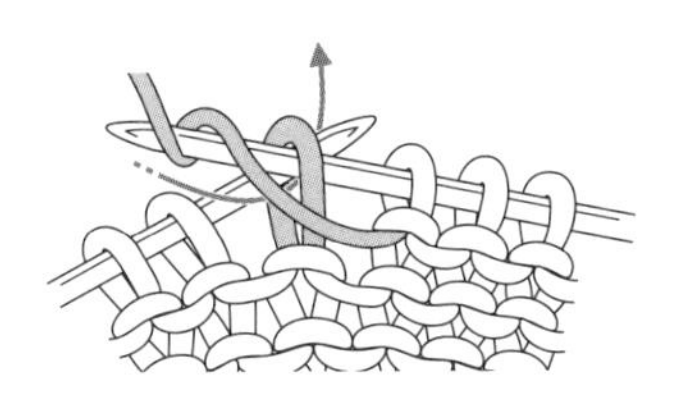

2 针上挂线，向后侧拉出。

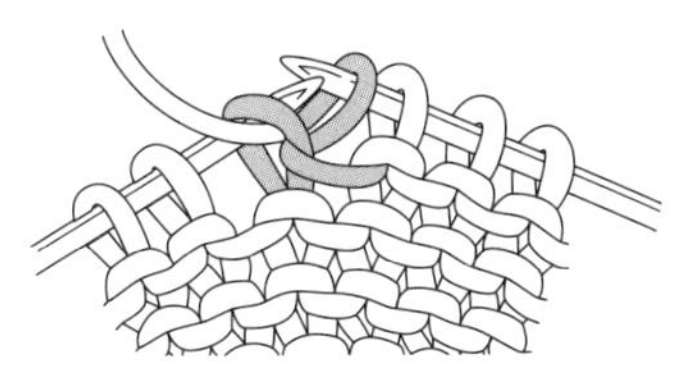

3 左侧棒针从针目中抽出。

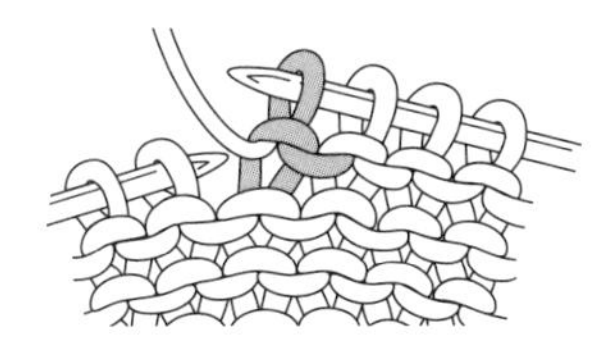

4 完成上针。

拉针（2行的情况）

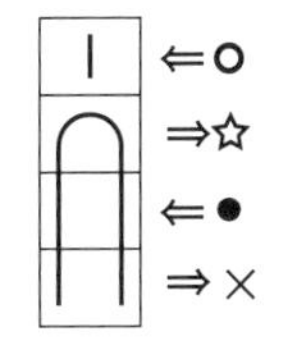

拉针
（2行的情况）

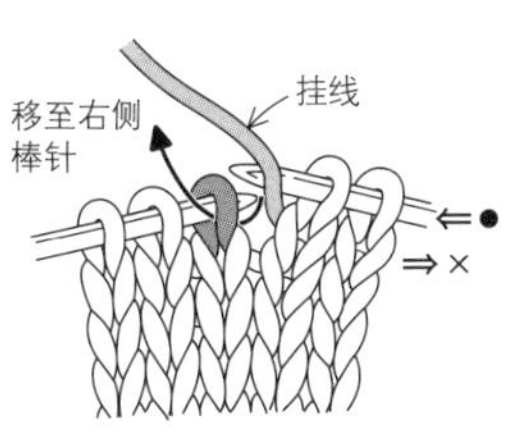

1 针上挂线，不编织，将针目移至右侧棒针。

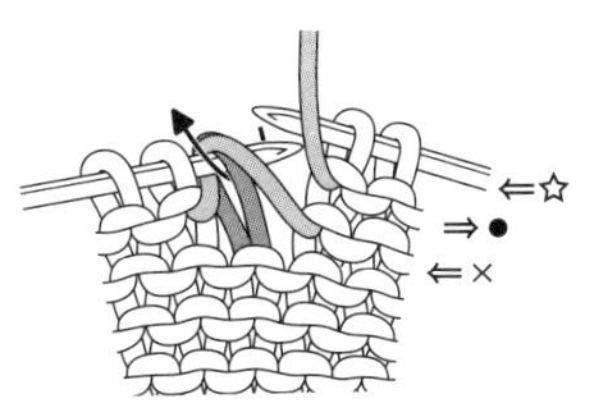

2 下一行也是针上挂线，不编织，将前一行的挂线和针目移至右侧棒针。

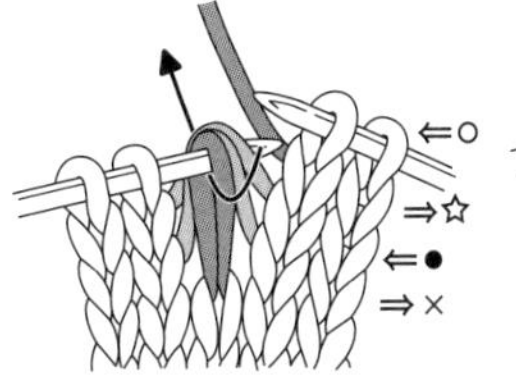

3 再下一行，棒针插入未编织的挂线和针目，一起编织。

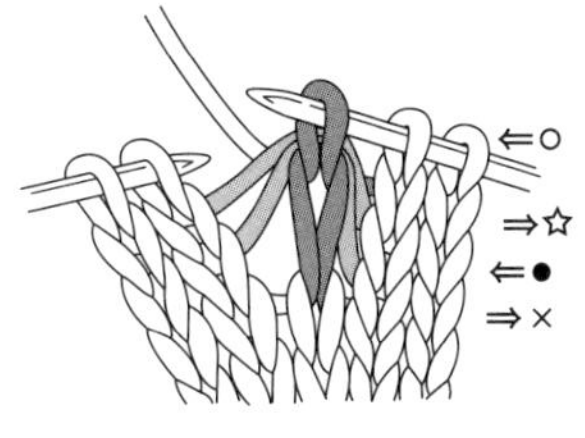

4 完成拉针（2行的情况）。

3针上拉针

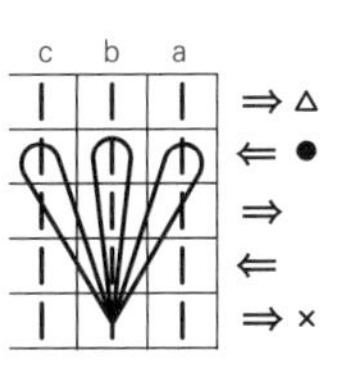

3针上拉针

1 图解的●行，a编织下针，棒针插入b的下方第3行，挂线拉出。

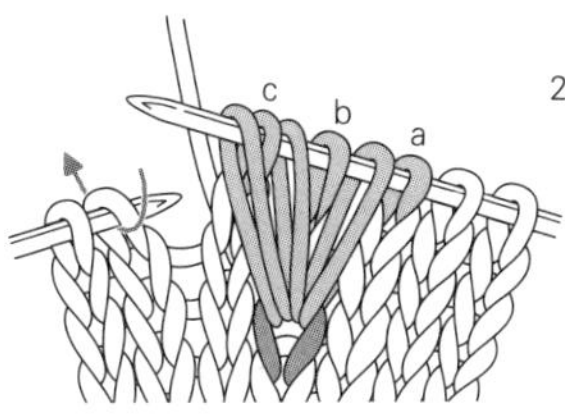

2 b、c同样编织下针，从同一针目中拉出针目。

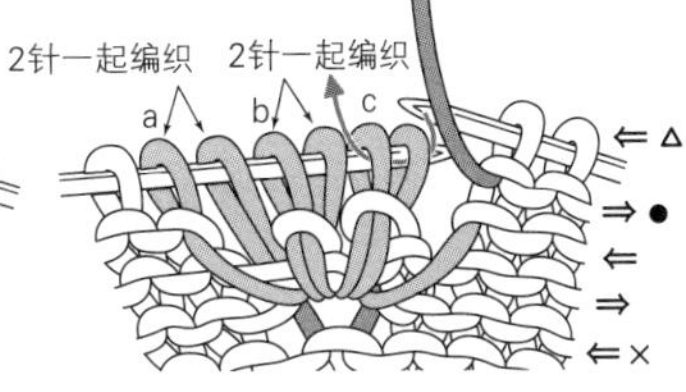

3 图解的△行，将上拉的针目和c一起编织。b、a也以同样的方法编织。

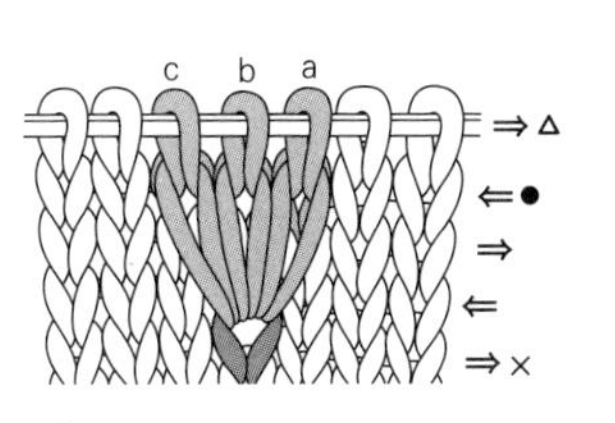

4 完成3针上拉针。

右上3针并1针

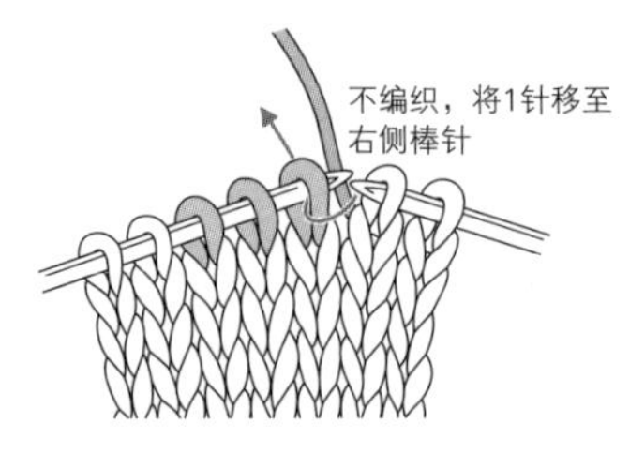

1 沿箭头方向插入棒针，不编织，移动针目。

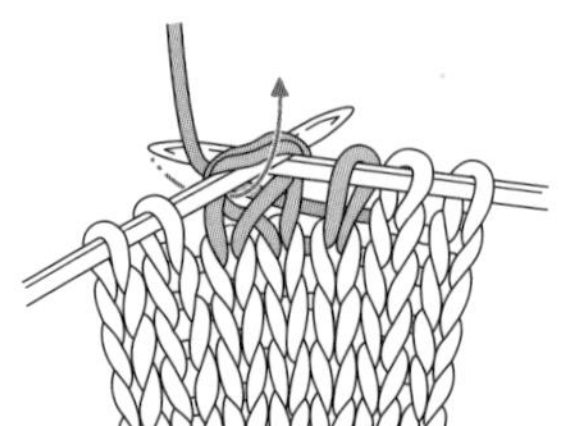

2 棒针插入后两针，编织下针。

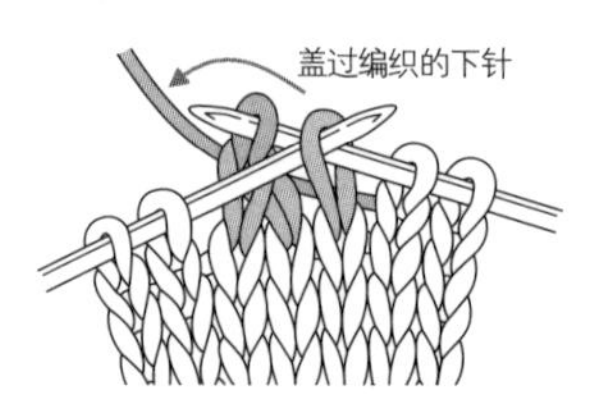

3 用移动的1针盖过编织的下针。

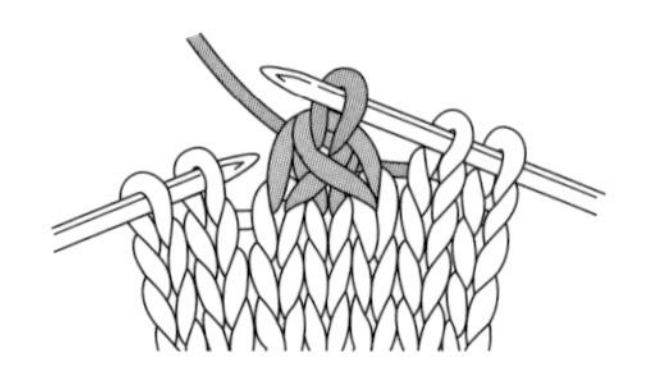

4 完成右上3针并1针。

●扭针加针（左右加针的情况）

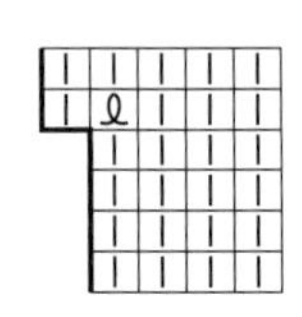

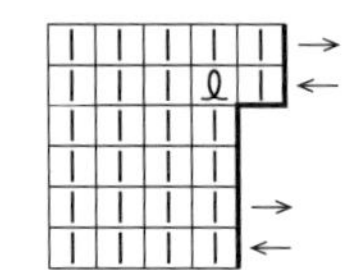

右侧

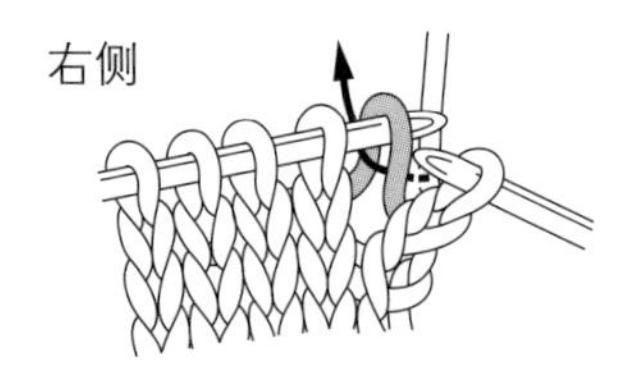

1 挑针目和针目之间的横向渡线，沿箭头方向插入棒针，编织下针。

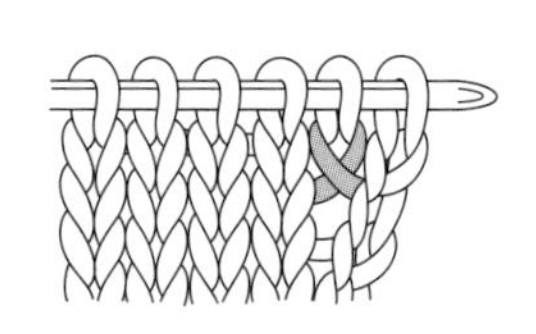

2 右侧的线置于上方，扭转针目。

左侧

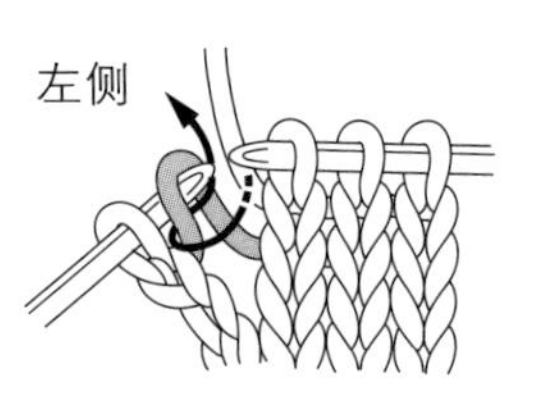

1 挑针目和针目之间的横向渡线，沿箭头方向插入棒针，编织下针。

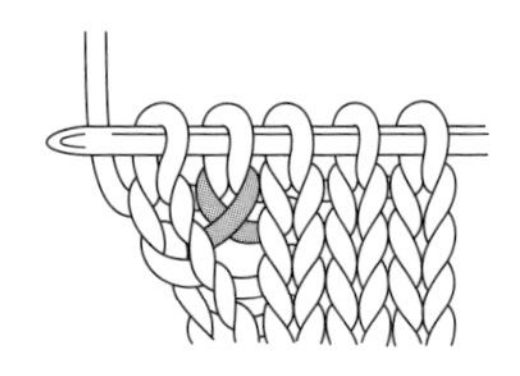

2 左侧的线置于上方，扭转针目。

●将线穿过最后1行的针目后抽紧

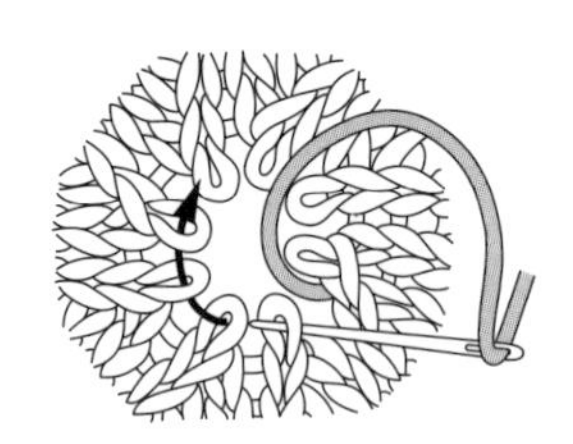

1 编织完成后，将线穿上毛线缝针。

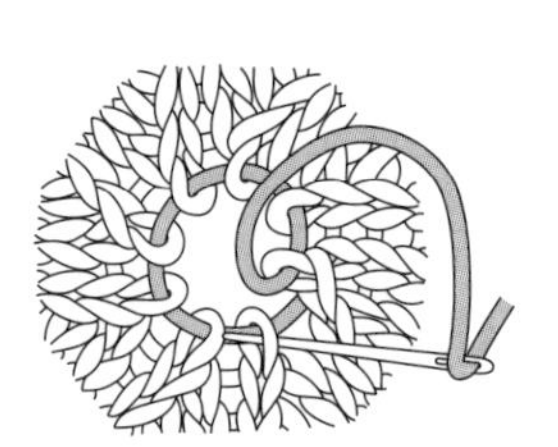

2 穿过所有针目2次。

3 抽紧线。

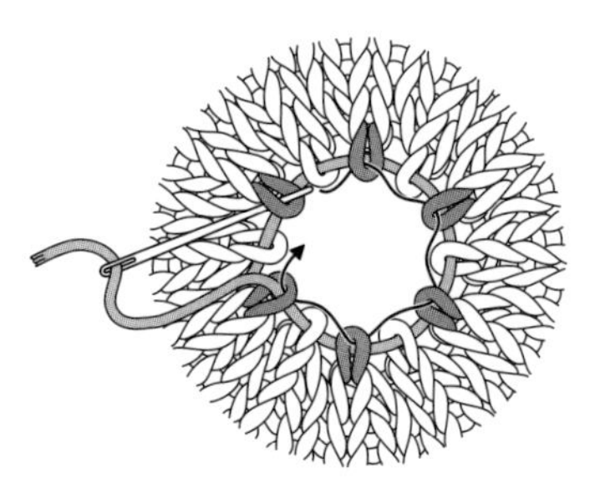

针数较多的情况下，将线分两次间隔1针穿过最后1行的针目后再抽紧。

●刺绣扣眼绣制作纽扣扣襻

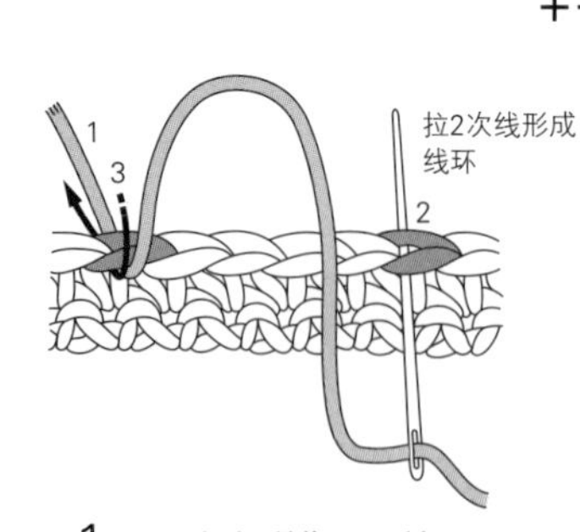

1 从纽扣扣襻位置入针，拉2次线形成线环。

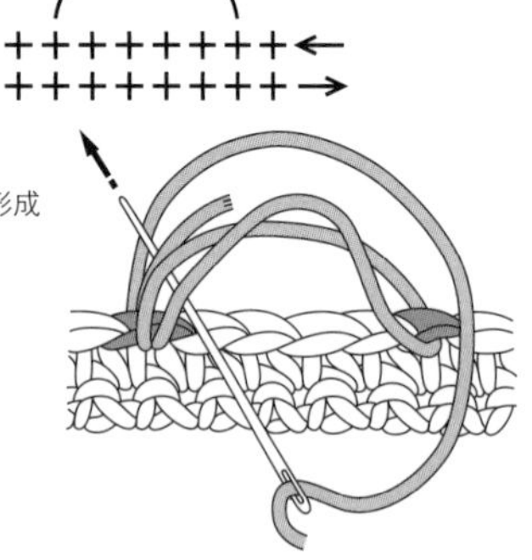

2 针从线环下穿过，沿箭头方向出针，压住下方的线。

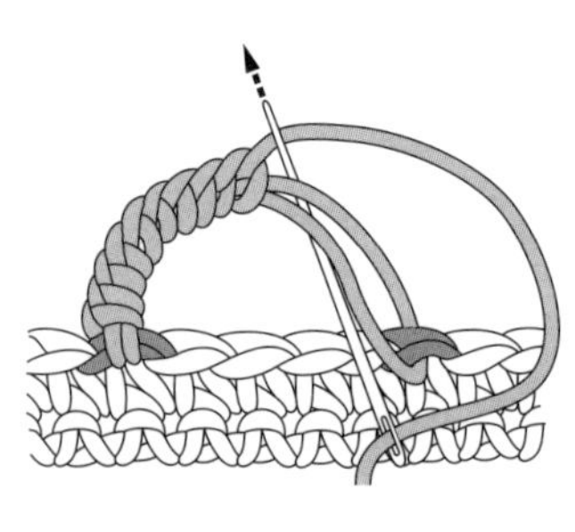

3 以同样的方法，自左向右刺绣扣眼绣。

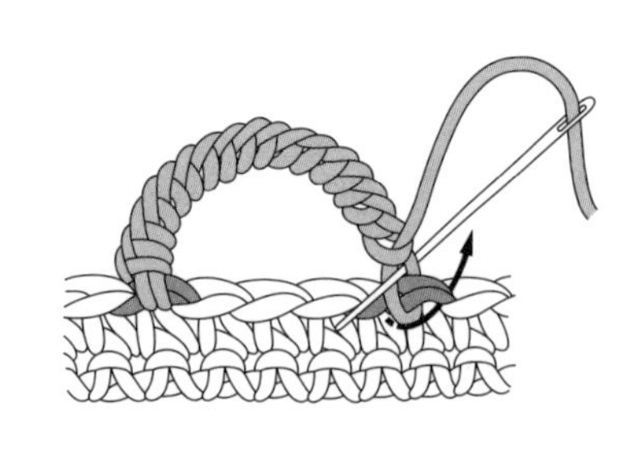

4 线之间不要留出空隙，最后沿箭头方向入针，处理线尾。

钩针编织符号及编织方法

○ 锁针

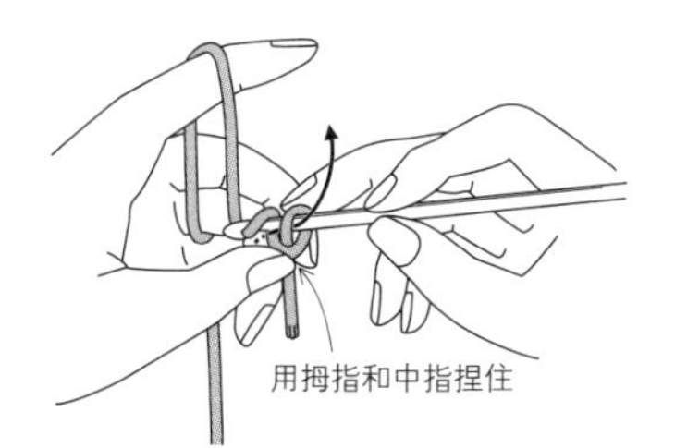

1 线头绕线环，插入钩针，挂线引拔。

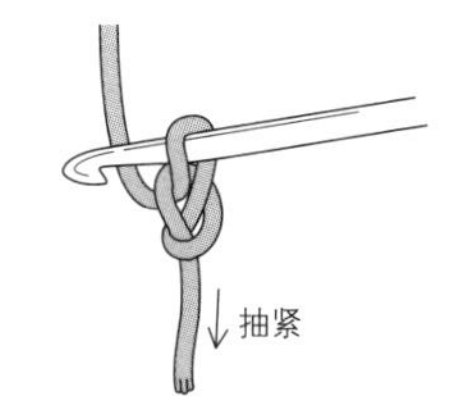

2 抽紧线环（不计入针数）。

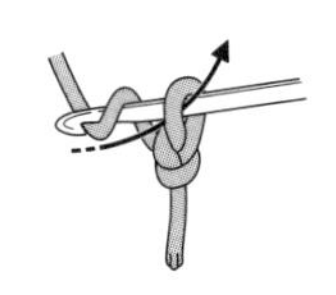

3 钩针挂线引拔。

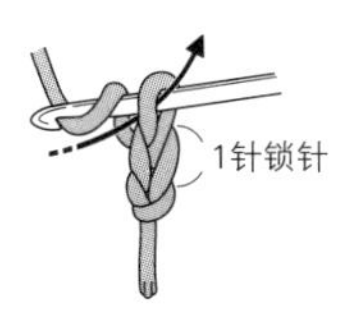

4 钩织完成1针。以同样的方法继续钩织。

● 引拔针

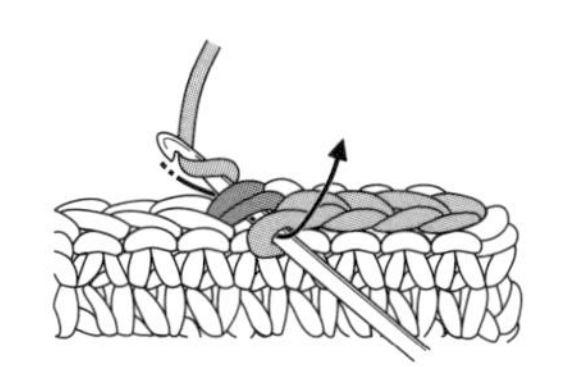

钩针挂线引拔。

锁针起针

起针是编织的基础。编织针目从起针针目中引出，所以作为起针针目的锁针需要钩织得较为松散一些

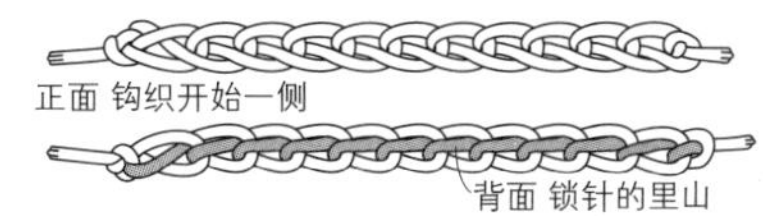

挑锁针的方法

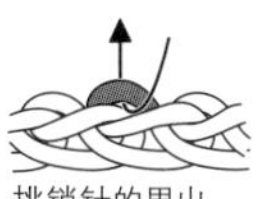

挑锁针的里山

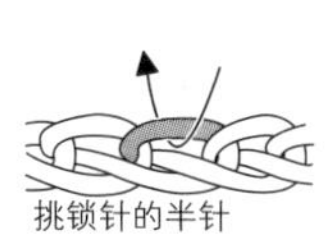

挑锁针的半针

※没有特别指定的情况下，都是挑锁针的里山

十 短针

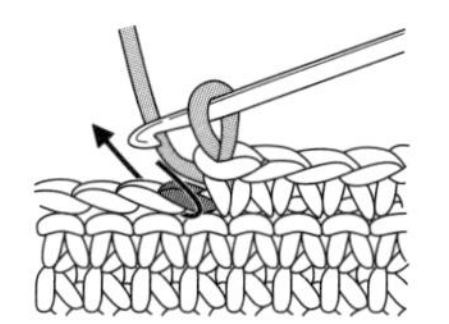

1 钩针插入上一行针目的2根线。

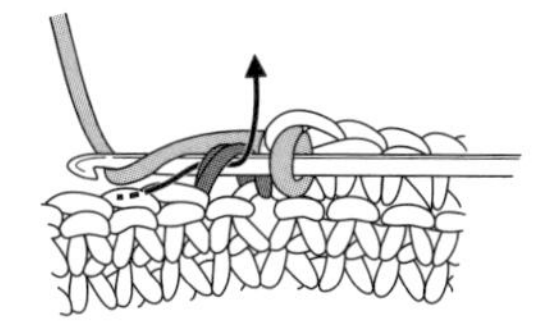

2 钩针挂线，引拔出1针锁针高度的线圈。

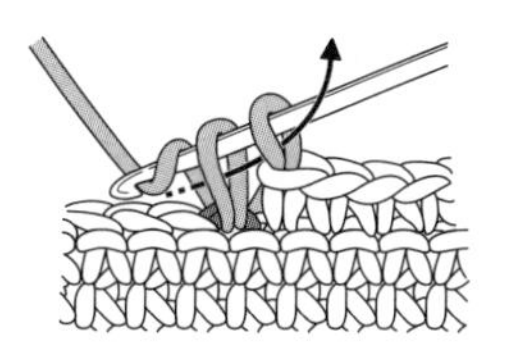

3 钩针再一次挂线，一次钩过2个线圈。

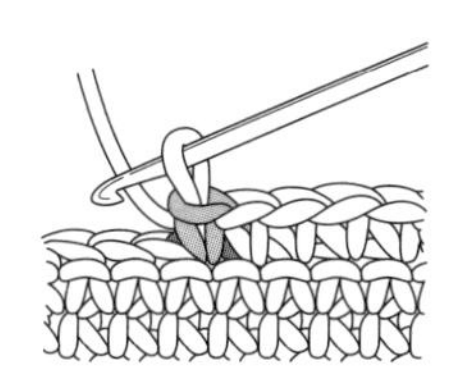

4 完成1针短针。

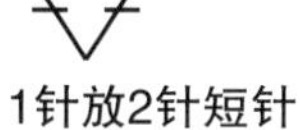

1针放2针短针

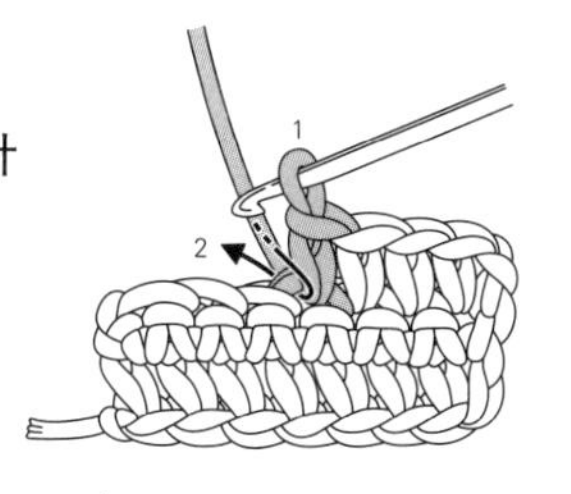

1 在上一行的针目上钩织1针短针，钩针再次插入同一针针目。

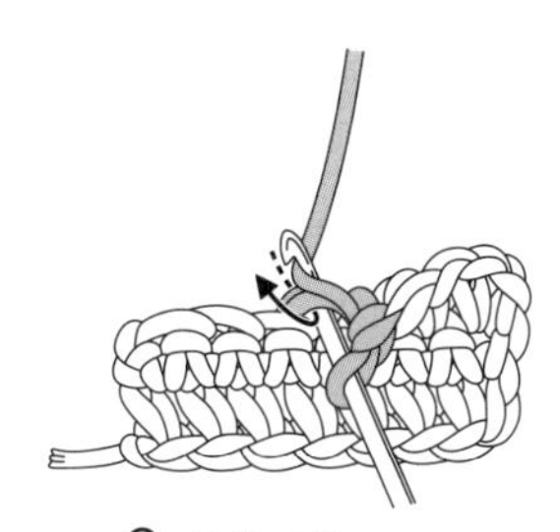

2 挂线引拔。

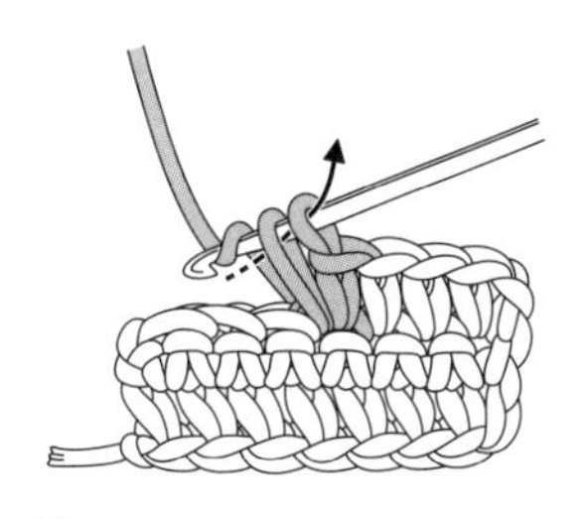

3 钩针再一次挂线，一次钩过针上2个线圈。

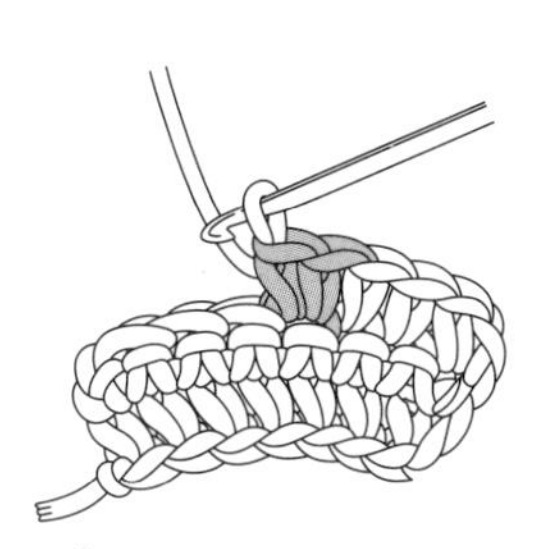

4 在同一针目中完成2针短针。

2针短针并1针

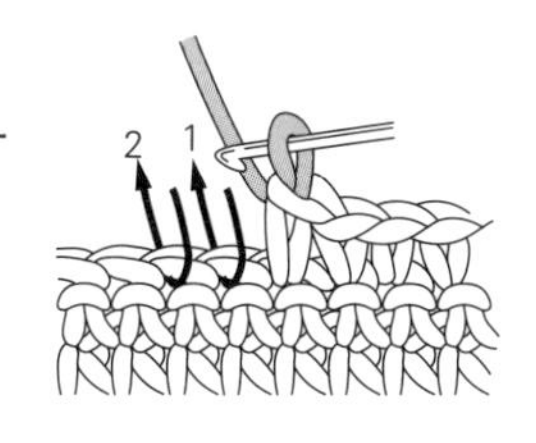

1 分别沿箭头方向插入钩针，挂线引拔。

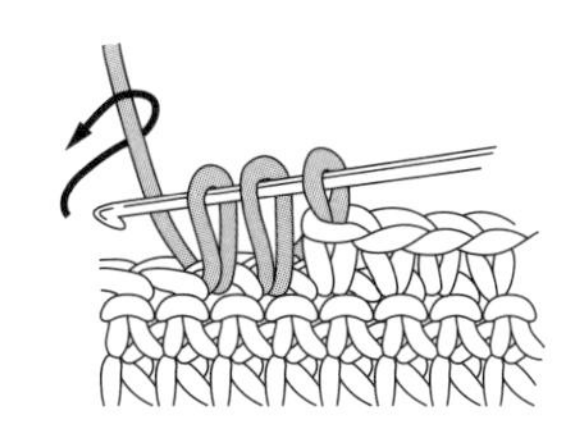

2 再次挂线。

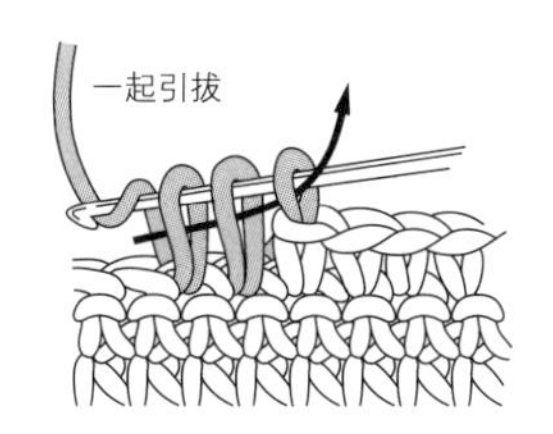

3 一次钩过3个线圈。

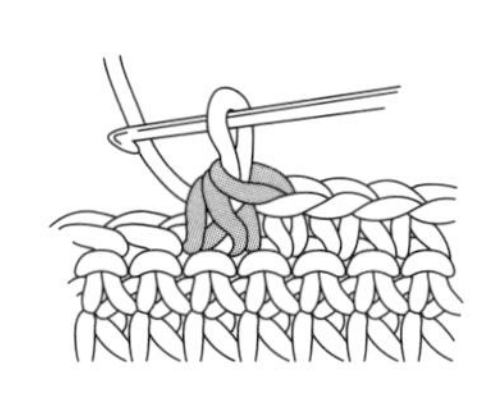

4 完成2针短针并1针。

野口 光 Hikaru Noguchi

编织设计师。编织品牌“hikaru noguchi”的主理人。从武藏野美术大学毕业后，在英国皇家艺术学院继续学习纺织设计。以伦敦为舞台，开始室内设计的工作，继而进入时尚界，发表了大量的编织设计作品；并在世界各地广泛地开展与纺织相关的设计、指导、写作等活动。近些年引领织补的流行，在各地开办教室、工作室。原创设计了织补蘑菇（蘑菇形织补工具）和织补专用线。

图书在版编目（CIP）数据

野口光趣味花样编织设计/（日）野口 光著；项晓笈译. —郑州：河南科学技术出版社，2025.3
ISBN 978-7-5725-1436-4

Ⅰ. ①野… Ⅱ. ①野… ②项… Ⅲ. ①手工编织—图解 Ⅳ. ①TS935.5-64

中国国家版本馆CIP数据核字（2024）第029778号

出版发行：河南科学技术出版社
地址：郑州市郑东新区祥盛街27号　　邮编：450016
电话：（0371）65737028　　65788613
网址：www.hnstp.cn
出 版 人：乔　辉
策划编辑：仝广娜
责任编辑：仝广娜
责任校对：梁莹莹
封面设计：张　伟
责任印制：徐海东
印　　刷：北京盛通印刷股份有限公司
经　　销：全国新华书店
开　　本：889 mm × 1 194 mm　1/16　　印张：6.5　　字数：190千字
版　　次：2025年3月第1版　　2025年3月第1次印刷
定　　价：49.00元

如发现印、装质量问题，影响阅读，请与出版社联系并调换。